工业设计手绘

案例教程

Industrial Design
Drawing Techniques

罗剑 梁军 严专军 编著

人民邮电出版社

北 京

图书在版编目（ＣＩＰ）数据

工业设计手绘案例教程 / 罗剑，梁军，严专军编著
. -- 北京：人民邮电出版社，2017.3（2023.6重印）
ISBN 978-7-115-41546-2

Ⅰ. ①工… Ⅱ. ①罗… ②梁… ③严… Ⅲ. ①工业产
品－产品设计－绘画技法－教材 Ⅳ. ①TB472

中国版本图书馆CIP数据核字(2016)第045603号

内 容 提 要

本书以工业设计产品效果图的定义为出发点，详细分析了工业设计手绘从基础到产品效果图的
三维转换再到案例手绘等一个系统的过程。本书分为 6 个阶段：手绘基础阶段；快速表现技巧阶段；
不同手绘工具的表现运用阶段；不同材质的产品表现方法阶段；产品的三维转换阶段；工业设计手
绘作品欣赏阶段。本书适合学习工业设计手绘的读者阅读参考。

◆ 编　著　罗　剑　梁　军　严专军
　　责任编辑　刘　博
　　责任印制　杨林杰

◆ 人民邮电出版社出版发行　　北京市丰台区成寿寺路 11 号
　　邮编　100164　电子邮件　315@ptpress.com.cn
　　网址　http://www.ptpress.com.cn
　北京虎彩文化传播有限公司印刷

◆ 开本：787×1092　1/16
　印张：8.25　　　　　　　2017 年 3 月第 1 版
　字数：154 千字　　　　　2023 年 6 月北京第 5 次印刷

定价：49.80 元
读者服务热线：(010)81055256　印装质量热线：(010)81055316
反盗版热线：(010)81055315

前　言

　　众所周知，工业产品设计构思阶段有一个环节必不可少，那就是手绘。设计工作是否能够顺利进行，很大程度上取决于手绘是否好。看到这里很多同学可能不禁要问：怎样可以练好手绘？

　　首先，手绘是最直观的设计思想推敲途径，手绘可以培养我们的审美能力，练习手绘的过程会潜移默化影响设计。如果能画出漂亮的设计手绘图，那么对于美的把握就没有问题，做产品也不会差。好的手绘会给设计者带来自信。

　　其次，在整个设计团队沟通过程中，能把自己的想法通过手绘的方式快速表达出来，可以增加方案采纳率。手绘要求能够准确、清晰地表达设计思想。 对于零基础的同学，通常需要经过以下 5 个阶段。

　　第一阶段：需先找到优秀工业设计手绘作品，认真观摩并且分析优秀作品的特质。条件允许的话，可把手绘作品图放在一起，找出不同优秀作品的共性和风格，这是认识手绘的过程。最好是每天花一个小时看优秀作品，提高审美能力。眼光提高了才能让自己的手绘功夫提高。

　　第二阶段：具备了好的审美，就可以从最基础开始练习。直线、弧线、圆、椭圆、立方体等简单几何体，这些需要每天坚持练习，这对提高手的熟练度非常好。线条和圆最好能每天摩笔练习。基础练习得越扎实，手绘图就会画得越好，即使产品造型再复杂，画起来也可以游刃有余。

　　第三阶段：不间断地基础练习一个星期，差不多就可以开始进行透视的训练。透视不是凭感觉画的，必须好好学习透视的理论分析。训练透视的最好方法就是画几何形体及几何形体的加减法。开始慢点画，只要画对就行，先不要考虑线条好不好看，慢慢地再加快速度来训练自己对造型透视的敏感度，以及对产品三维空间的把控能力。

　　第四阶段：学习工业设计要进行结构素描的练习，这是工业设计手绘的核心部分之一。

　　第五阶段：产品投影及产品材质光影的练习，这是工业设计手绘的核心部分之一，是比较重要的部分，也是需要花时间仔细理解的一个阶段。

　　上面是对零基础同学训练的部分建议，以上相关内容训练熟练了就可以临摹一些简单的产品手绘图，但这并不代表前面的基础练习就可以忽略，每天还是要进行基础练习的，可以跟后续产品练习同时进行。基础训练需要长时间练习，平时练习基础的时候枯燥了就临摹一些产品手绘图来增加信心，一定要从简单入手。为了能让学习工业设计手绘的同学快速入门，本书应运而生。全书内容结合案例讲解手绘方法，解读手绘实际运用技巧。

一、手绘基础阶段细分为：工业产品设计手绘表现图定义，草图的定义与分类；工业设计手绘图的优势；如何绘制正确的产品透视图；怎样进行手绘表现技能的基本训练；产品造型透视，面体分析，倒角分析；工业设计手绘步骤案例。本书将定义、手绘图的作用、优势、透视分析、面体分析、倒角分析等知识点融入到工业产品手绘案例中，通俗易懂地诠释了工业设计手绘的本质。

二、快速表现技巧阶段细分为：工业设计产品手绘表现图步骤分析，任何产品都可以理解拆分成圆和方的组合，最基本的造型就是正方体和圆柱体；工业产品线稿表现；工业产品明暗表现；工业产品色彩表现。本书把复杂的产品造型进行简化，从产品的线稿到明暗再到上色进行全方位的讲解和展示。

三、不同手绘工具的表现运用阶段细分为：马克笔表现技法；马克笔 + 色粉表现；彩铅表现技法；彩铅 + 马克笔表现；有色卡纸的使用；透明颜料溶剂表现；运用喷枪表现；计算机辅助表现效果图。本书讲述不同年代不同手绘工具的表现方法，方便学生贯穿整个手绘发展历史进行全面系统的学习。

四、不同材质的产品表现方法阶段细分为：工业产品中基本形体的程式表现；进行不同材质处理的产品手绘表现方法。本书中把工业产品的造型进行基本形式的归纳，并在造型归纳形体基础上进行材质表现，方便学习理解。

本书对工业设计专业的学生、工业设计师、工业设计爱好者都有着很好的参考价值。

——罗剑 ROJEAN

2016.12

目　录

第一章　工业设计手绘基础练习

一、工业产品效果图介绍

    我们常说的工业产品效果图（工业设计表现图），其作用是设计师向之前没有看过效果图的人阐述设计对象的具体造型、结构、机构、材料、色彩、工艺等要素，是与对方进行更深入的交流和沟通的重要途径和方法，同时也是设计师记录自己的设计构想过程、发展创意方案的主要方式。因此,工业设计手绘表现能力是设计人员平时工作中必备的基础专业技能之一。

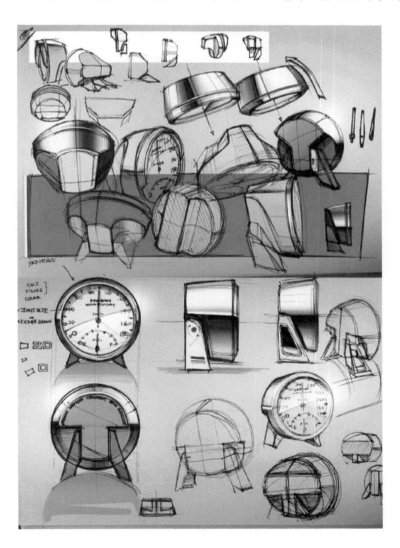

二、工业设计手绘表现图的分类

在工业设计过程中，按照功能及形式的不同，手绘表现图可分为粗略草图、精细草图和设计提案效果图三种。

1. 粗略草图

粗略草图（sketch）是一个设计师在设计方案形成清晰思路之前的基本表达形式。

设计之初，设计师面对抽象的概念和设计构想的时候，必须经过化抽象概念为具象图形的过程，即把头脑中所想到的形象、色彩、质感和感觉化为具有真实感的物体。而手绘草图则是完成这个过程最方便、最快捷、最直观的手段和途径。

需要说明的是，设计初始阶段的产品雏形记录以彩铅或者水笔等工具线描为主，或者以彩铅画出线稿加马克笔表现，迅速记录设计师对于形态的思维发展过程、大概想法，也称为THUMBNAIL。

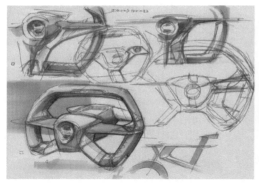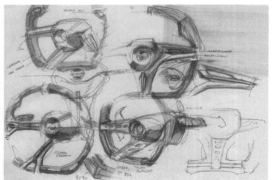

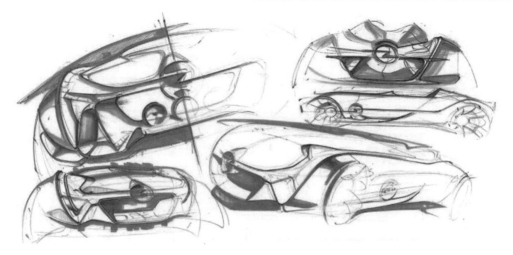

2. 精细草图

精细草图有以下作用：细化粗略草图所承载的设计方案，解释并说明要表达的设计初衷，以表达出产品造型的局部细节和结构以及产品的使用氛围场景。比如一款汽车设计，该款车是户外越野用的。通过表现汽车周边的使用环境，可以更好地突出汽车的设计属性。另外，在表达的过程中可加入一些说明性的设计标注、文字、语言。不过总体的要求是：图面设计思路表达清晰，形体穿插关系明确。我们也可以用爆炸图（即具有立体感的产品分解说明图）的形式来分析结构，这样在画面上可以多方面、多角度考量设计的可行性。

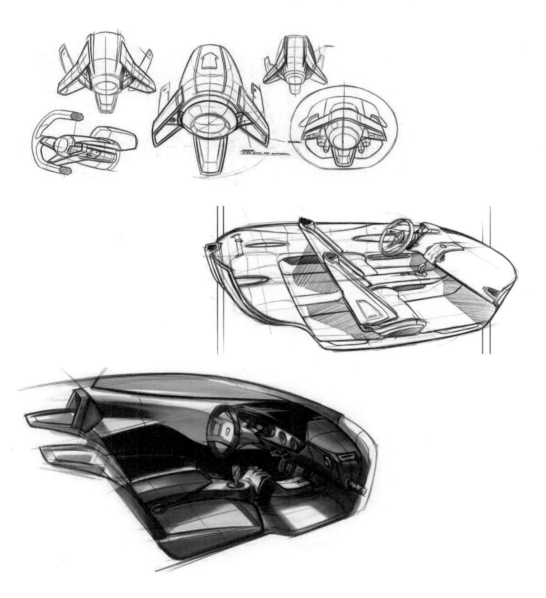

3. 设计提案效果图

设计提案效果图，实际上就是经历整个设计手绘过程后向客户正式递交设计方案时的效果图。通过该方案，最终评审是否建模或者生产。设计提案效果图要清晰地表达出外观造型、结构、材质、配色和工艺。如果有必要，还要表现产品使用环境以及产品的使用用户群信息，以加强主题设计思想。我们通常所见到的设计提案效果图，都是通过产品造型、材质、纹理、色彩、光影效果等表现角度和艺术效果氛围来达到产品设计的完整说明意图。设计提案效果图最重要的意义在于传达正确并且清晰的信息——正确地让人们了解所设计产品的各种特点、特性、功能和在一定环境下产生的效果，使客户、设计师易于识别、理解、读懂设计。

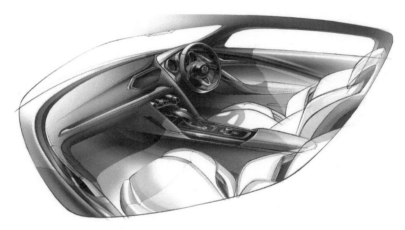

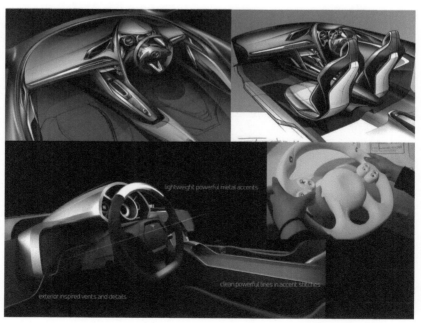

三、工业设计手绘图的优势

1. 优秀的工业设计手绘图具有有效、快速的优势

在产品领域，市场竞争非常激烈。要想得到市场认可，就要有全新的、受欢迎的产品出现。即便是有了好的创意和设计专利，到最后也必须借助某种途径生产制造出实际的产品来，并想办法缩短新产品的开发周期。手绘图是设计师记录设计思路的主要方法，我们必须使手绘效果图表现迅速、有效、明确，以跟上设计思维的运转，提供尽可能多的优秀设计方案。面对客户推销自己的设计创意时，必须把客户的建议记录下来或以图形表示出来。而这正是工业设计手绘所拥有的特质，也进一步说明快速的描绘技巧会成为设计过程中非常重要的手段。

2. 优秀的工业设计手绘图是对设计思路的真实反映

对于工业产品设计效果图而言，我们往往会通过造型、色彩、材质质感的绘制表现出产品的真实效果。产品手绘表现图是设计思路的真实体现，能够准确表达出产品给人的使用感受，忠实地表现所设计产品的完整造型、结构、配色、工艺精度，以及在使用这件产品的不同环境下产生的不同效果，客观、真实、快速地传达出设计师的创意思路。

3. 优秀的工业设计手绘图具有一定的艺术氛围

设计效果图虽不是我们所见过的艺术创作，如国画、油画、版画等，但必须要有一定的艺术魅力，这样才更容易渲染产品设计的氛围。为使设计创意或构想能够实现，被客户所接受，必须使方案效果图具有强有力的说服力。在相同的条件下，具有美感的表现图往往更具胜算。具有美感的表现图应体现出以下几点：效果图简洁有力，整体效果表现完善，紧贴设计主题思路。这也能够看出一名设计师的工作态度，以及应该具备的设计素养。

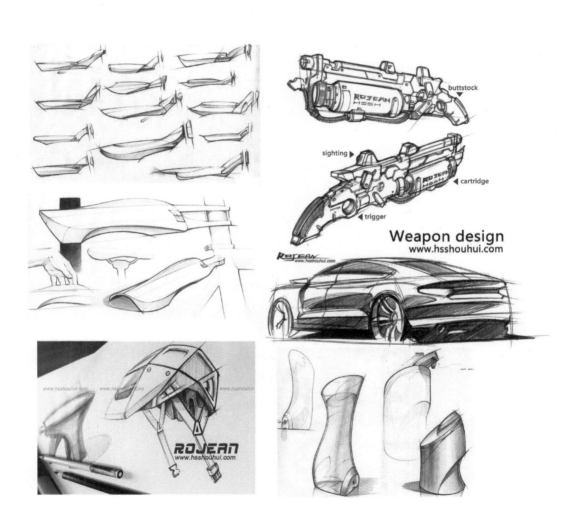

4. 优秀的工业设计手绘图具有高度的说明性

工业产品手绘图最重要的一点，是要具有设计思想。图形包含了很多信息，图形比单纯的语言文字更富有直观的说明性。

上色后的产品设计表现图，可以充分地表达产品的造型形态、结构、色彩、质感、功能等，还能表现出无形的造型韵律、产品的性格、产品的美感等抽象的内容。所以，工业产品表现图具有高度的说明性。

四、绘制产品透视图

　　各种工业产品手绘效果图本身都有非常严谨的角度与透视。我们在纸面上表达的三维立体的工业产品效果其实都是在二维空间的平面上表现三维空间的立体感，比如同一款产品的不同角度转换，出现在同一画面时，有着近大远小的透视关系。所以透视规律在画面构图上的运用起着重要的作用，产品的透视变化是绘制工业产品手绘图时，产品在整张画面中摆放位置的重要参考依据。下图是一个桌子的手绘效果图，透视关系为典型的两点透视。可以看出上下垂直方向，桌子距视平线越近，桌面的面积越小；反之，桌子距视平线越远，桌面的面积越大，桌子的投影透视也是如此。

下图为三张桌子拼在一起的手绘效果。平时工作当中或者考研试卷的命题都有可能出现两个、三个甚至更多的个体产品组合在一起的情况。这时就需要画一个产品组合，或者画出多个产品组合。图中三个桌子组合在一起，如果透视关系拿捏不准，可以先把它们看作三个分开的桌子，单个分析它们的透视——体块 1、体块 2、体块 3，三个都是两点透视，然后再把三个桌子拼在一起组成一个完整的造型，这种方法有助于分析较为复杂的产品组合造型。

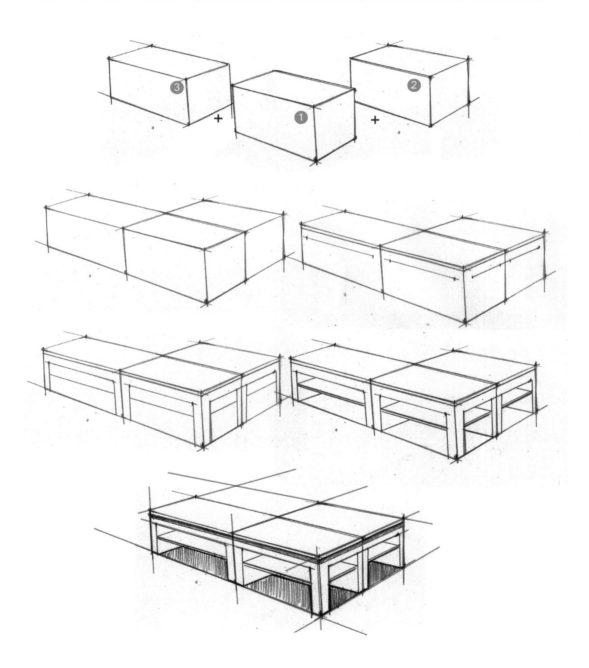

　　下图中的产品以曲线为主，看似造型较为复杂，但是细看其中都是以简单形体构成的，比如该产品的按钮4，推钮5，中轴6，都可以单独拿出来分析。如果把握不准产品整体透视的时候，可以把4、5、6几个造型单独拿出来进行透视分析，看是否符合消失于同一个消失点，如果和整体造型透视相吻合，那么即为准确的透视关系，这是一种很好的检验透视关系的方法。

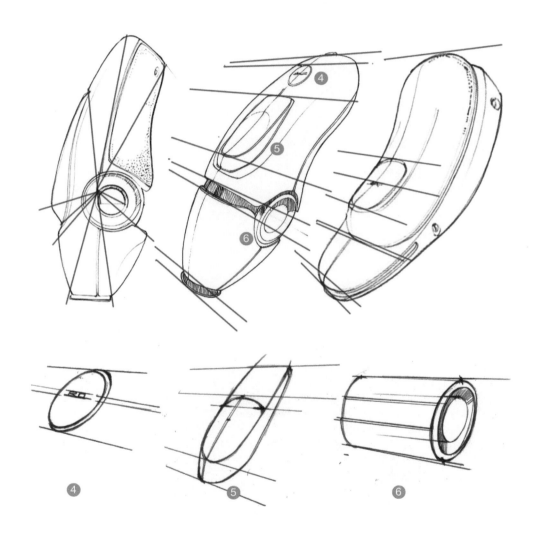

五、手绘表现技能的基本训练

1. 徒手画直线

徒手画直线的三大要点如下。

（1）线条的起始：注意线条开始和结束的下笔轻重力度。

（2）线条的方向：多练习平行直线。

（3）运笔的手势：锁定腕关节的位置。

【练习】

（1）练习中间重两头轻的水平直线。

（2）练习中间轻两头重的水平直线。

（3）练习前轻后重的水平直线。

（4）练习成一定角度的直线，从左下方往右上方滑动笔。

（5）练习夹角较小的直线，以应对不同造型的产品。

（6）练习交叉直线，成网格状，这种适合画产品中的肌理、网格等局部表现。

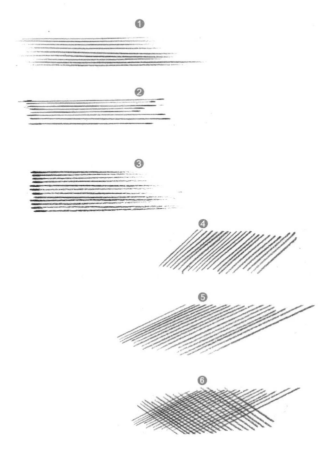

2. 徒手画弧线

徒手画弧线的三大要点如下。

（1）线条的始末： 注意线条的开始和结束。

（2）线条的方向： 多练习同心弧线，对画产品很有帮助。

（3）运笔的手势： 以肘关节为轴，锁定腕关节。

【练习】

（7）以手肘为中心点，握紧笔快速左右滑动。

（8）以手腕为中心点，握紧笔快速左右滑动。

（9）水平直线与弧线结合混合练习。

（10）正向弧线与反向弧线结合大间距练习。

（11）正向弧线与反向弧线结合小间距练习。

（12）弧线排列交叉练习。

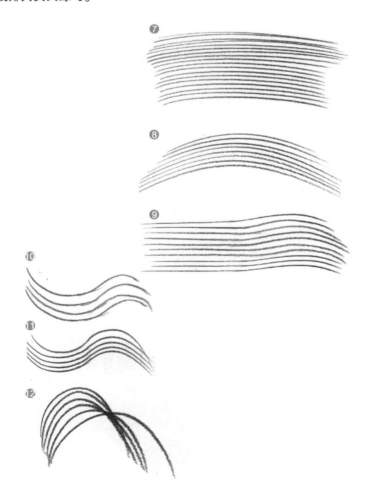

3. 徒手画椭圆

圆柱形体在一定透视变化下会形成各种椭圆，因此，不同角度、透视的椭圆练习显得尤为重要。

【练习】

（13）练习徒手画圆心在同一根弧线上的多个相切椭圆排列。

（14）练习徒手画圆心在同一根弧线上的多个椭圆排列。

（15）练习徒手画多个椭圆一端为中心轴旋转排列。

（16）练习徒手画不同角度多个椭圆一端为中心轴旋转排列。

（17）练习徒手画不同角度多个椭圆一端为中心轴旋转排列。

（18）练习徒手画两个同等距离椭圆排列。

（19）练习徒手画两个同等距离椭圆排列。

（20）练习徒手画多个同等距离椭圆排列。

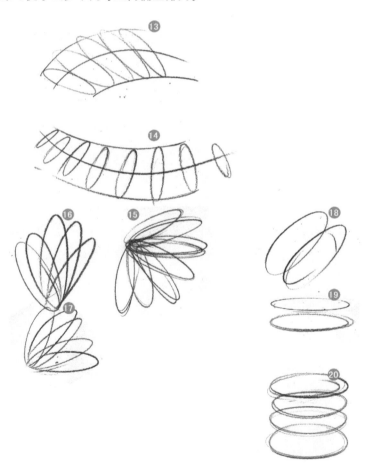

4. 徒手画圆

在工业产品手绘图中，圆的运用较为广泛，如圆形按钮、圆形分型线、汽车轮胎等都会用到圆的画法。

【练习】

（21）单个正圆手绘练习，练习正圆与正圆相切。

（22）练习徒手画大间距同心圆。

（23）练习徒手画小间距同心圆。

（24）练习徒手画多个小间距同心圆。

（25）练习徒手画多个相交正圆。

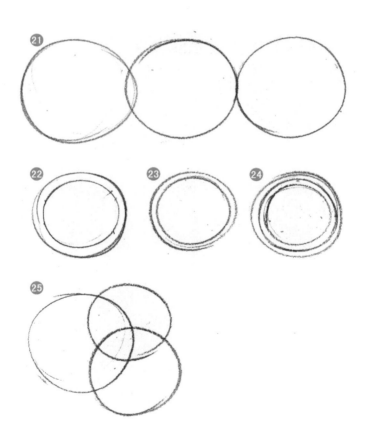

手绘练习总结

（1）手绘基础训练需要勤加练习。

掌握三多，即多画、多记忆、多思考。

（2）手绘基础训练需要循序渐进。

心态不要着急，从简单着手，一步一步深入。

（3）手绘基础训练需要耐心和信心。

练习时要意到笔到，想好再画，才能得心应手。

这是我尝试用马克笔画国画。

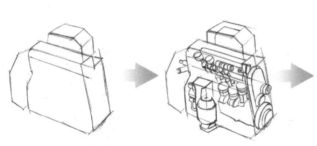

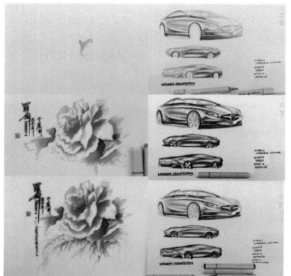

我尝试用马克笔画国画后，把这种创新方法应用在绘制交通工具上，画出汽车造型。同样，掌握方法的关键是要想好再画。

六、产品造型透视、面体、倒角分析

1. 透视分析 -1

下图可以看出一点透视和两点透视的区别。

（1）两点透视中，视平线在物体之中的情况。

（2）视平线在物体之上的情况（俯视角度）。

（3）视平线在物体之下的情况（仰视角度）。

（4）两个单体 90 度垂直穿插到一起的效果。

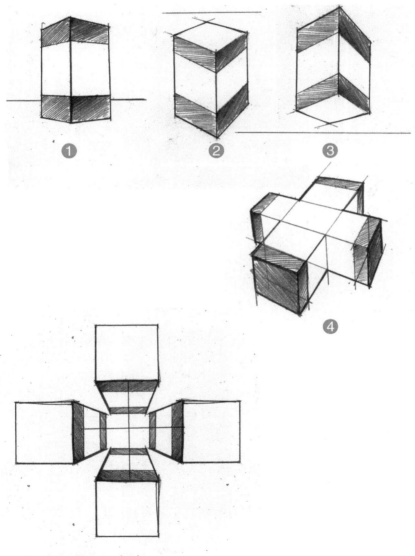

Perspective analysis
www.hsshouhui.com

2. 透视分析 -2

如下图所示，三个物体以同一根视平线为基准，物体底部与视平线相接为三点透视，多用于较大形体产品效果图绘制。在视平线以上的物体，其底面清晰可见，在视平线以下物体，其顶面清晰可见。

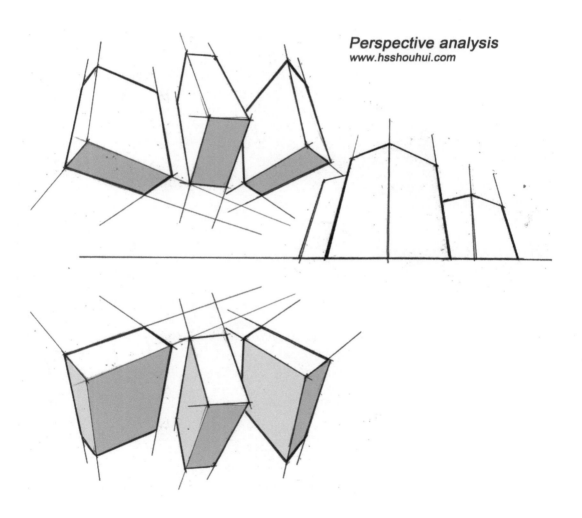

Perspective analysis
www.hsshouhui.com

3. 透视分析 –3

下图为从圆锥到圆柱过渡造型透视分析：首先可以把这些形体都归纳为长方体块，长方体块顶面和底面相同，且横切面相同，则这个形体即为标准的圆柱体；如长方体块顶面面积小于底面面积，则这个形体为圆锥体。

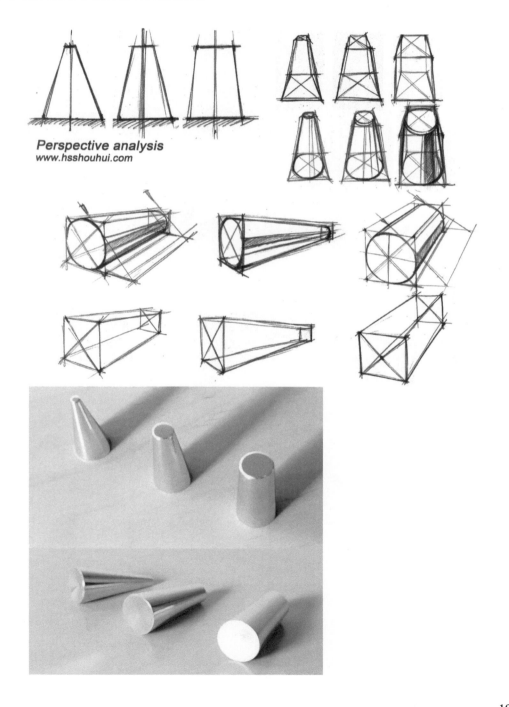

4. 面体分析

下图所示为：（1）物体外轮廓线；（2）物体结构线；（3）物体剖面线。剖面线为内弧线则整个面体为内凹面体，剖面线为外弧线则整个面体为外凸面体。图中红点为两条内弧线相交点与两条外弧线相交点，由此看出剖面线是体现面体起伏状态最直接的一种线。

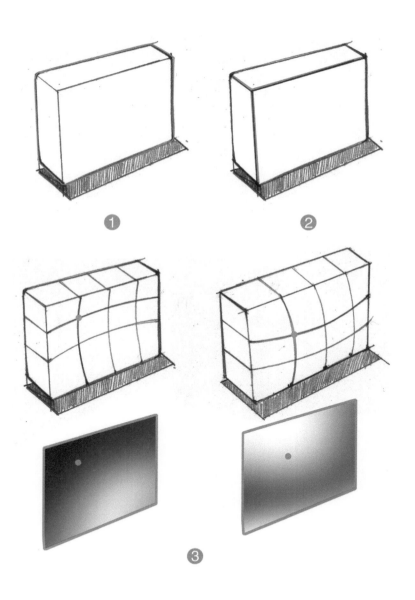

5. 倒角分析 −1

物体光影关系和倒角的形式相符合。如下图所示，正方体四边倒圆角，受光面与背光面的明暗交界线仍然很锐，对比度很强；正方体所有边倒圆角，受光面与背光面的明暗交界线很柔和，对比度较弱。

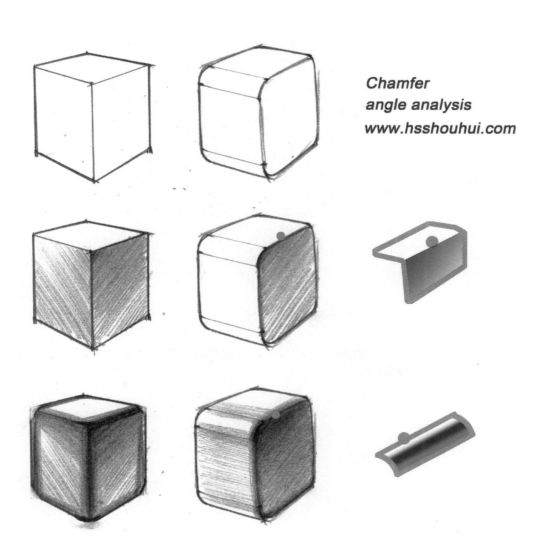

Chamfer
angle analysis
www.hsshouhui.com

6. 倒角分析 -2

如下图所示，圆柱体与内凹方体光影对比，圆柱背光面如果是一个四周边缘清晰的块面，视觉上给人感觉这一块是平面，内凹方体也是一样；圆柱背光面如果是一个左右边缘较为柔和过渡的光影，视觉上给人感觉这是一个完整的圆柱体光影，如果内凹方体经过倒圆角，那么背光区域到受光区域之间就存在较为柔和的过渡。

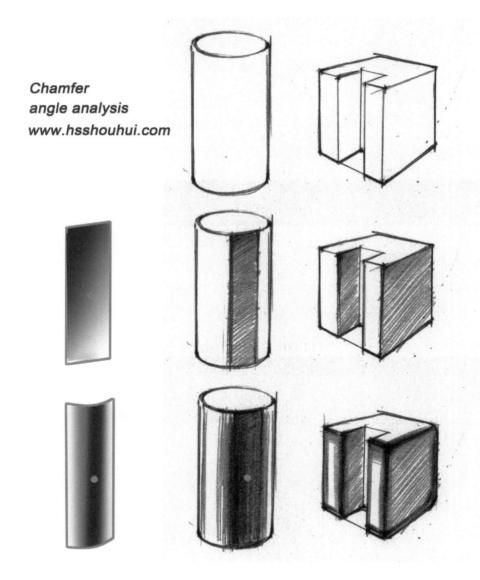

Chamfer
angle analysis
www.hsshouhui.com

七、工业设计手绘案例

【**产品类**】手绘案例一：超酷武器装备设计手绘。

Step-1：这是一把武器枪械设计手绘效果图，先画出枪械的大致外轮廓线。

Step-2：画出枪把手等主要组成部分。

Step-3：逐步绘制其他局部。

Step-4：绘制出枪械其他造型局部。

Step-5：依据受光面与背光面稍微铺出明暗关系。

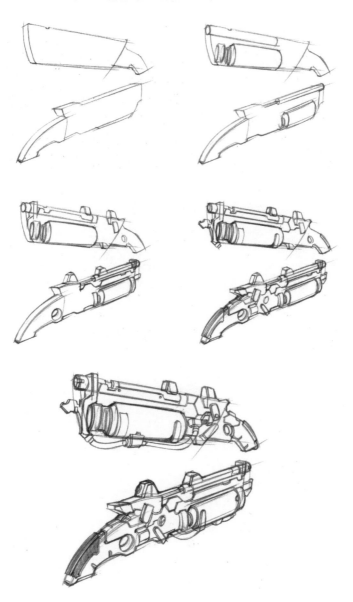

Step-6：线稿完成，准备马克笔上色。

Step-7：先用浅灰色马克笔画出明暗交界区域。

Step-8：逐步画出枪械其他部分颜色。

Step-9：用橙色点缀枪械局部。

Step-10：最终上色效果图展示。

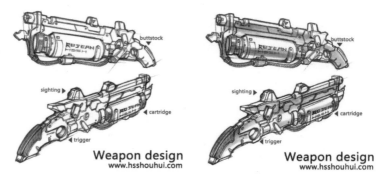

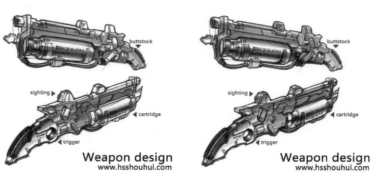

绘制效果图时现场演示情景照片。

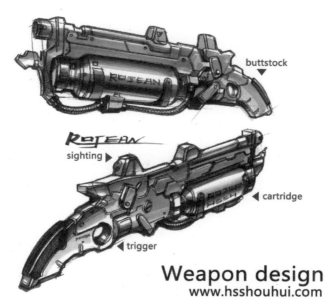

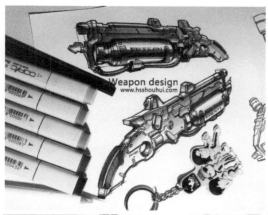

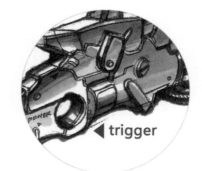

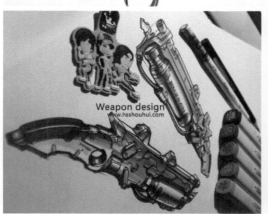

【**产品类**】手绘案例二：电动工具设计手绘。

Step-1：画出电动工具外轮廓线。

Step-2：绘制出把手以及钻头部分。

Step-3：画出电动工具形体的剖面线。

Step-4：铺出大致明暗调子，线稿完成。

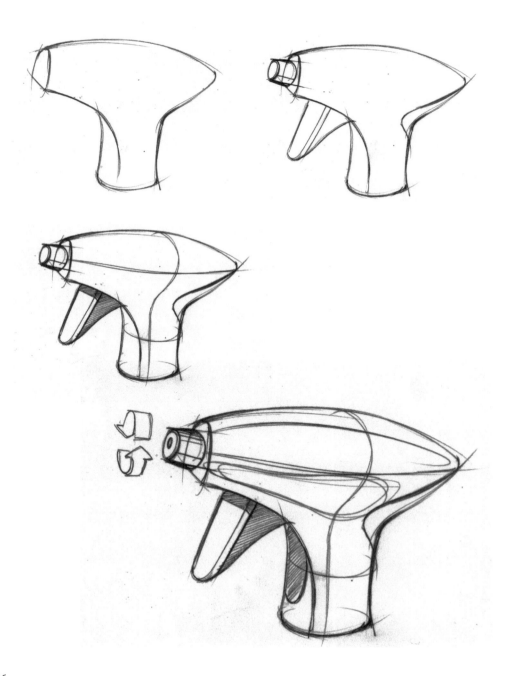

Step-5：先用橙色马克笔润色把手和钻头局部。

Step-6：用暖灰色马克笔润色工具固有色部分。

Step-7：逐步润色电动工具局部细节。

Step-8：电动工具最终效果图完成。

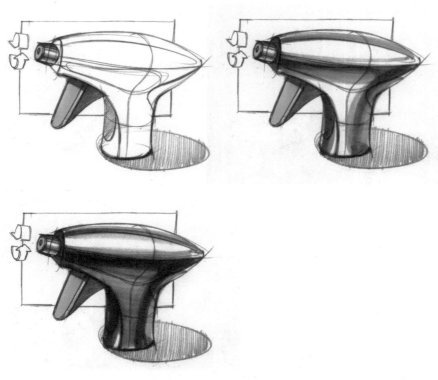

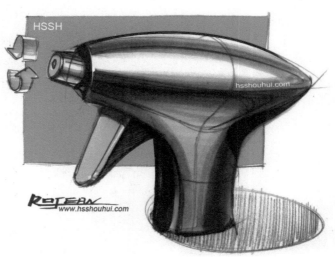

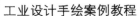
【产品类】手绘案例三：头盔设计手绘。

Step-1：手绘头盔，先从头盔顶部造型开始。

Step-2：画出头盔其他局部造型，线条需放松。

Step-3：继续完善头盔细节。

Step-4：头盔设计手绘线稿完成。

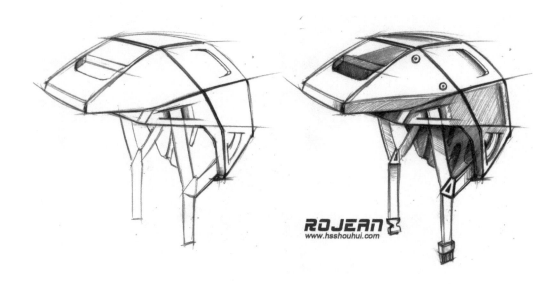

Step-5：选择红色马克笔润色头盔亮色部分。

Step-6：用浅灰色马克笔润色头盔大面积固有色。

Step-7：继续刻画头盔造型细节。

Step-8：头盔最终手绘效果图呈现。

绘制效果图时现场演示情景照片。

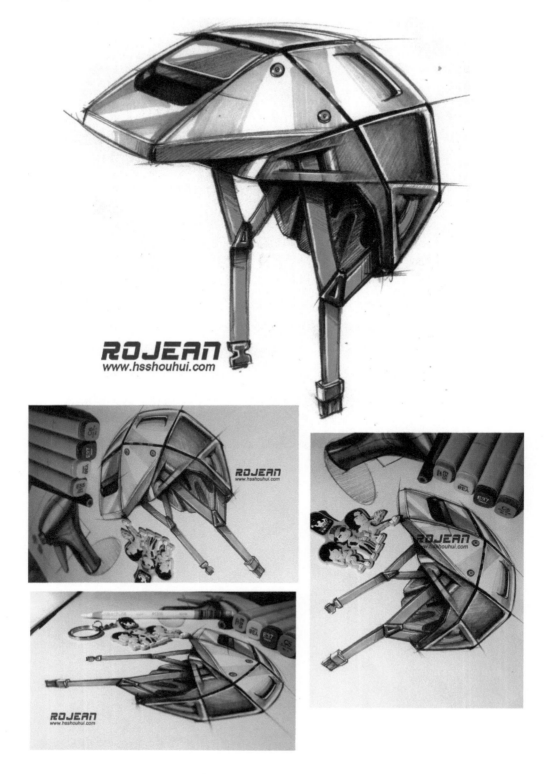

【产品类】手绘案例四：智能 PDA 设计手绘。

Step-1：画出智能 PDA（掌上电脑）的屏幕轮廓线。

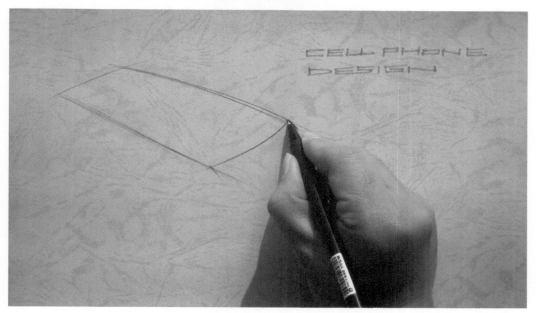

Step-2：这一步是根据已经画好的屏幕轮廓线画出智能 PDA 的侧边线条。

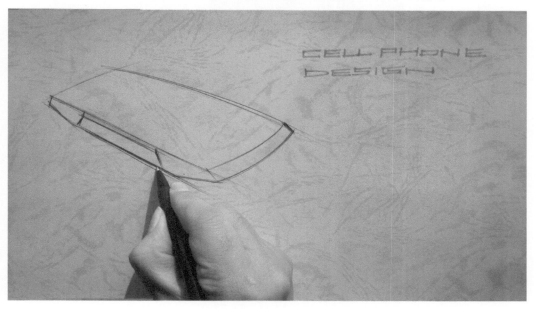

Step-3：画出这款智能 PDA 的另一个角度的线框图。

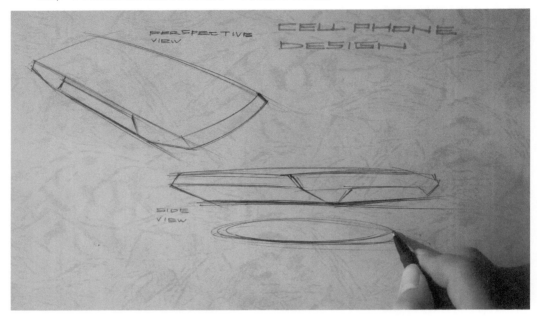

Step-4：用圆珠笔排线法画出智能 PDA 的背光区域以及投影。

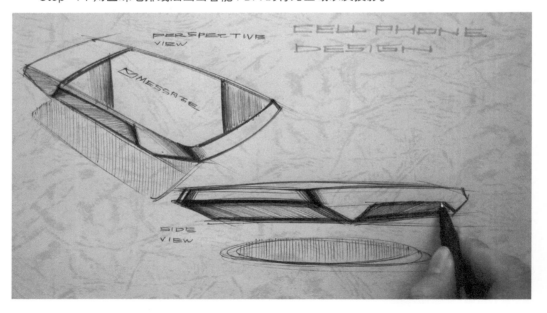

Step-5：画出智能 PDA 的导航键，对其有一个功能分析。

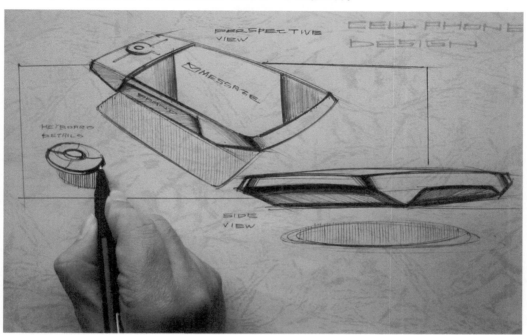

Step-6：开始上色，首先对背景进行上色，注意笔触与笔触之间的衔接。

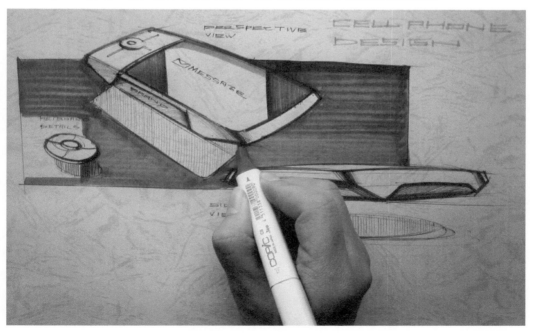

Step-7：对智能 PDA 进一步上色深入。

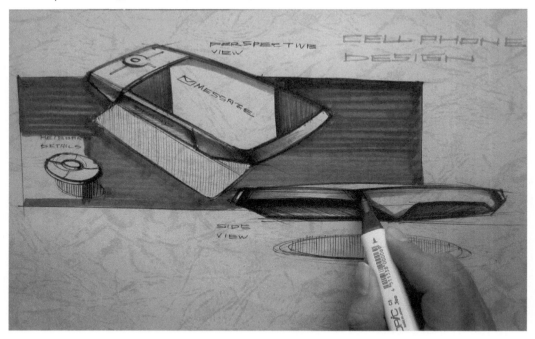

Step-8：用高光笔点好高光，增强智能 PDA 的材质质感。

智能 PDA 的最终效果展示。

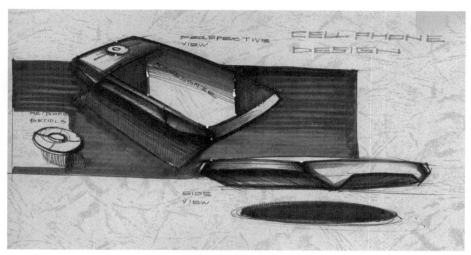

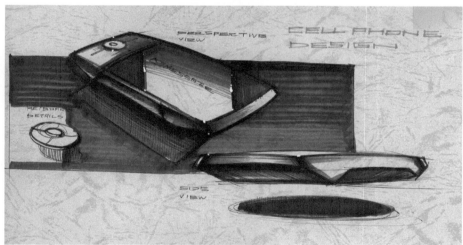

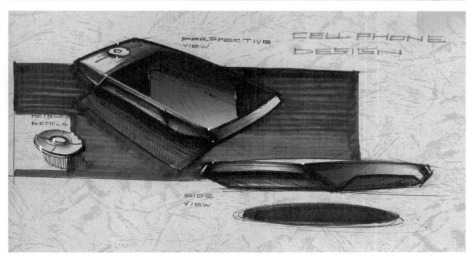

【交通工具类】手绘案例一：沙滩车设计手绘。

Step-1：首先画出沙滩车车体透视关系以及四个轮胎的大致透视关系。

Step-2：在绘制好的车体轮廓线上进行塑造，绘制出沙滩车的前部造型。

Step-3：绘制出沙滩车的车体投影轮廓线。

Step-4：逐步刻画出沙滩车局部的造型。

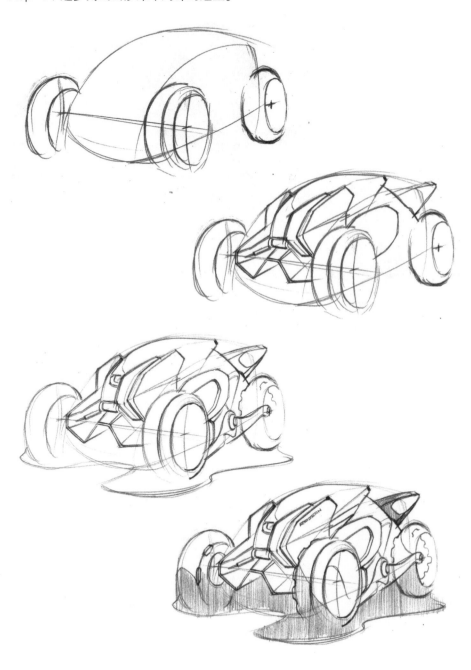

Step-5：对沙滩车的轮胎进行细致塑造。

Step-6：开始绘制另一个角度的沙滩车造型。

Step-7：绘制时注意车体与人物的比例关系。

Step-8：逐步深入刻画人物身上的细节元素。

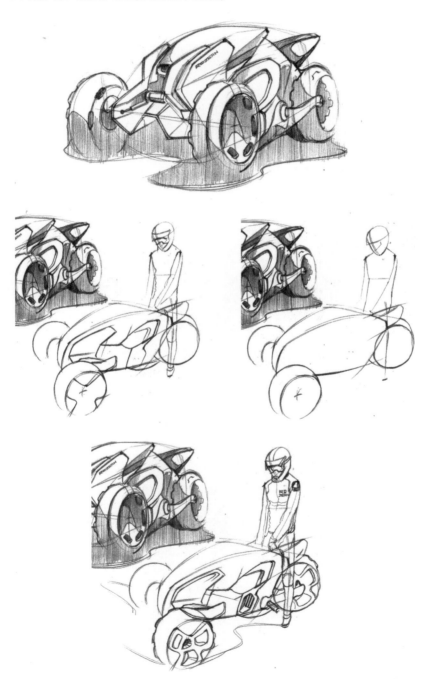

Step-9：完善车体与人物之间的协调关系。

Step-10：这个角度的沙滩车绘制完成。

Step-11：沙滩车线稿完成，准备马克笔上色。

Step-12：先选用红色马克笔润色沙滩车的固有色。

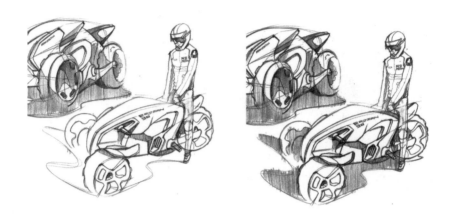

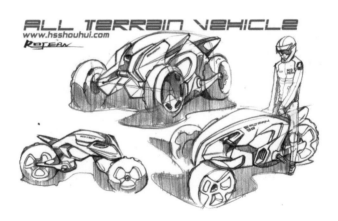

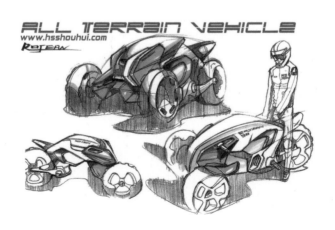

Step-13：对沙滩车的投影进行润色，衬托出车身。

Step-14：继续深入润色。

Step-15：对沙滩车的高光线用白色彩铅勾勒出来。

Step-16：沙滩车的最终上色效果图呈现。

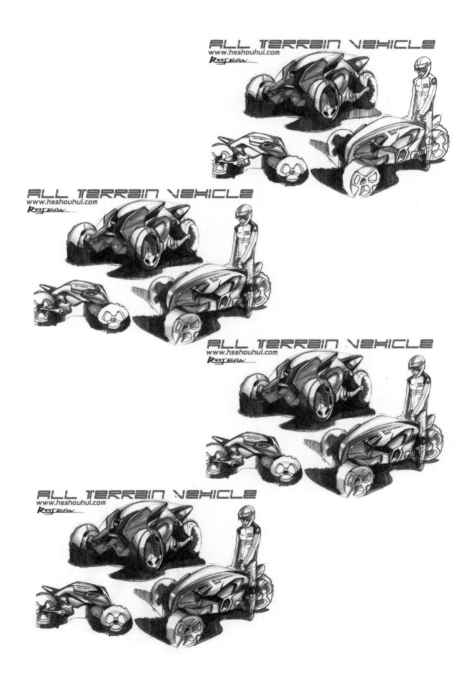

绘制效果图时现场演示情景照片。

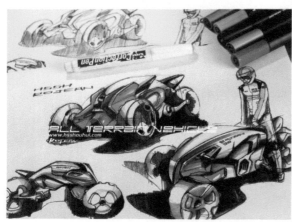

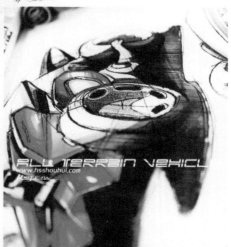

【交通工具类】手绘案例二：概念摩托车设计手绘。

这是一个概念摩托车设计手绘效果图，在整个绘制过程进行时，尝试手绘一个烘托这个概念摩托车设计氛围的整体效果图，即机械人摩托设计手绘场景。

Step-1：绘制出概念摩托车的车体与轮胎轮廓线，确定比例关系，以画好的摩托车大体轮廓为参照绘制出机械人驾驶员，在画面的左边，刻画出机械人驾驶员的正面造型零部件。

Step-2：开始逐步细化机械人驾驶员与概念摩托车的造型细节，手绘时记住线条一定要放松。

Step-3：设定光源方向为右上方，这样机械驾驶员以及概念摩托车的左下方的线条比较实，比较重；而右上方的线条是比较虚的。

Step-4：绘制出画面中三大形体的局部光影变化，细化局部造型细节，包括机械人驾驶员右臂上的 LOGO 等。

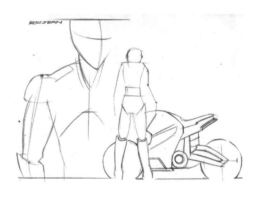

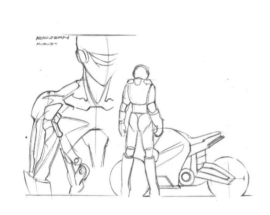

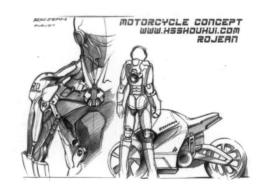

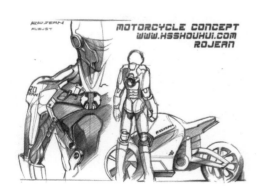

Step-5：线稿完成以后，开始用马克笔上色，首先选用 CG3 对驾驶员整体固有色进行渲染润色，颜色可由浅到深。

Step-6：可选用 CG5 马克笔润色造型中的背光部分。

Step-7：选用橙色马克笔和红色马克笔分别润色机械驾驶员手臂和摩托车的部分零件。

Step-8：逐步刻画细节，最终上色效果图呈现。

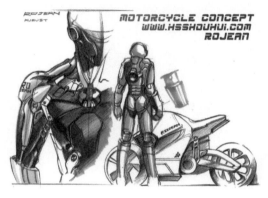

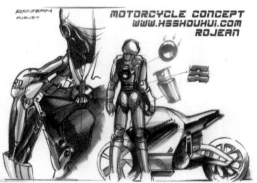

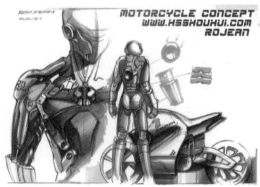

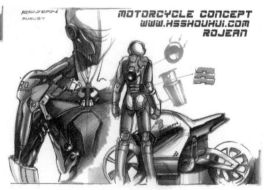

绘制效果图时现场演示情景照片。

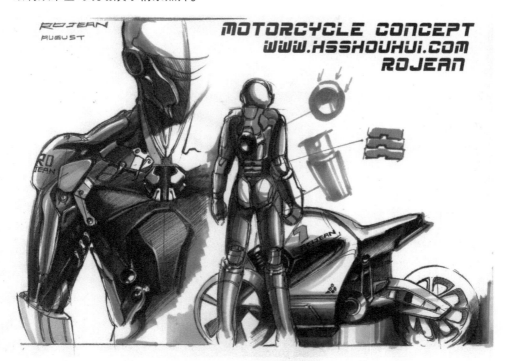

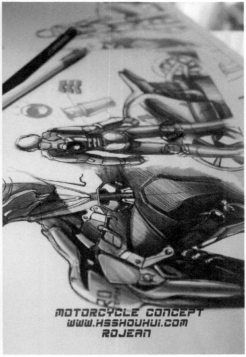

【汽车类】手绘案例一：超酷跑车设计手绘前视图。

Step-1：标记出跑车的轮胎间距以及跑车车体的大致透视。

Step-2：对跑车前脸造型进行塑造。

Step-3：继续深入刻画局部细节，线稿完成。

Step-4：选用浅灰色马克笔绘制跑车背光部分。

Step-5：逐步细致刻画，选用冷灰色马克笔润色出跑车固有色。

Step-6：运用高光笔点出车体高光。

Step-7：最终上色效果图完成。

绘制效果图时现场演示情景照片。

【汽车类】手绘案例二：超酷跑车设计手绘后视图。

Step-1：首先绘制出跑车的车体体块和座舱部分。

Step-2：标记出轮胎位置以及尾灯。

Step-3：画出跑车车体裙线。

Step-4：逐步完善跑车线稿。

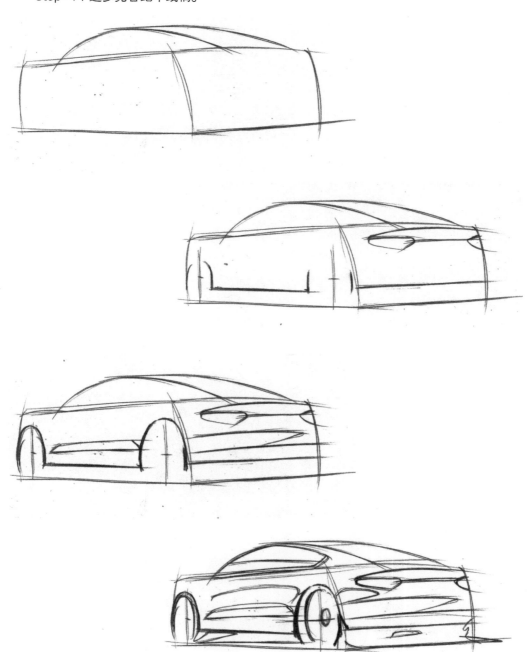

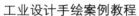

Step-5：确定光源方向后，开始铺出明暗调子。

Step-6：加强整车投影绘制，衬托出车体。

Step-7：开始对车体进行上色。

Step-8：选用 CG3 冷灰润色车体固有色。

Step-9：选用 CG5 润色车体底部背光区域。

Step-10：最终润色效果图呈现。

绘制效果图时现场演示情景照片。

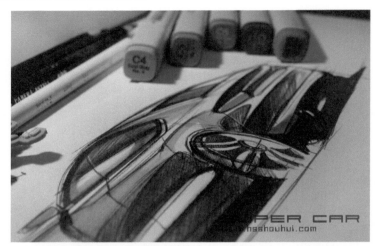

【汽车类】手绘案例三：SUV 设计手绘。

Step-1：先画出这款越野车的大致轮廓线，因为是塑造其尾部造型，所以第一步就要画出这款越野车的尾灯部分等。

Step-2：以刚刚画好的线条为依据绘制出整车的轮胎、车窗等部分。

Step-3：用密集排线法铺出明暗调子，注意线条方向的一致性。

Step-4：将排线逐步延伸到车肩区域，区分出大致明暗关系。

Step-5：SUV 越野车线稿完成，准备用马克笔上色。

Step-6：用灰色马克笔对车窗、车底部投影、车轮进行着色。

Step-7：用红色马克笔对车体裙线区域着色，注意：靠近明暗交界区域的颜色要稍微暗一些。

Step-8：继续深入上色。

Step-9：对上色区域进行细化，后保险杠可以用深灰色马克笔着色，这样形成一个颜色对比。

Step-10：用高光笔点出高光，让画面整体更加生动。

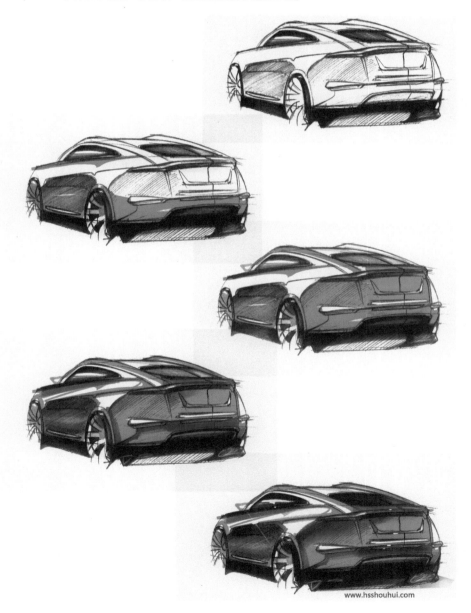

www.hsshouhui.com

【汽车类】手绘案例四：豪华车设计手绘。

Step-1：首先绘制出豪华车的底盘和肩线。

Step-2：标记出豪华车前端和尾部线条。

Step-3：绘制车体车窗部分。

Step-4：开始铺出明暗调子。

Step-5：逐步完善线稿。

Step-6：运用深灰色马克笔先润色车体投影。

Step-7：设定豪华车固有色为灰色。

Step-8：车体受光部分留白。

Step-9：加强马克笔润色区域颜色对比。

Step-10：最终上色效果图展示。

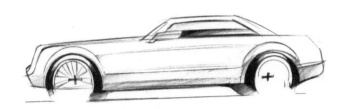

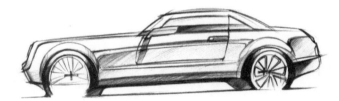

www.hsshouhui.com

第二章　工业设计手绘快速表现技巧

一、工业设计手绘表现图步骤分析

工业设计手绘表现图步骤：产品各部分基本结构＋必要的细节＋整体比例。

（1）基本结构必须牢牢抓准。

（2）必要细节刻画出来，有助于产品设计阐述。

（3）协调好整体比例关系。

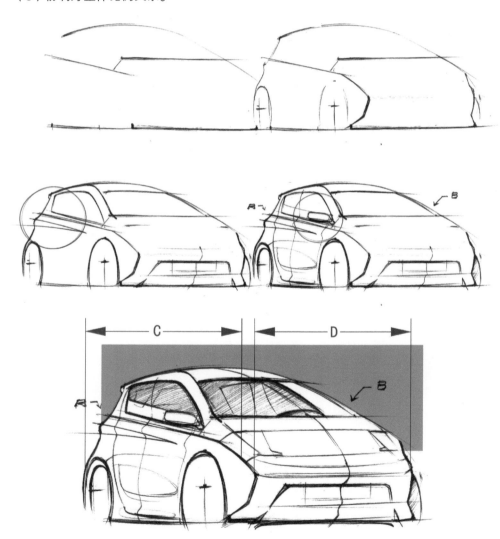

二、产品分解

1. 绘图演示

（1）产品无论造型多么复杂，都可以理解拆分成圆和方的组合。最基本的造型就是正方体和圆柱体。如下图所示的汽车发动机零件。

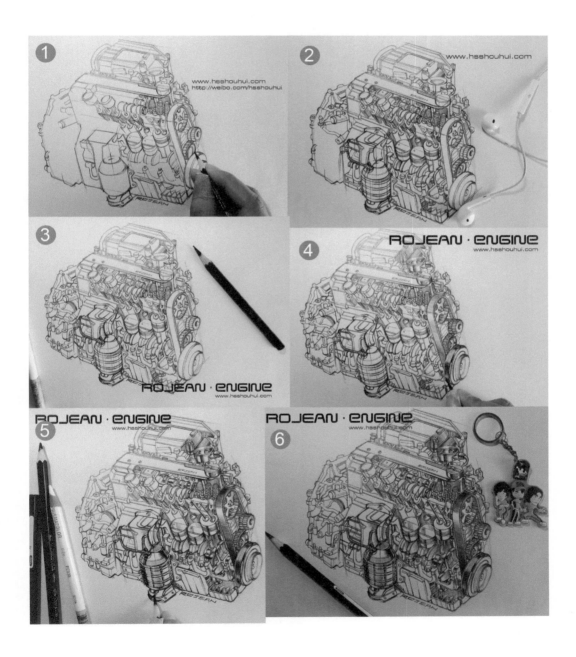

（2）即使再复杂的零件造型都是有规律可循的，找到这些规律，把它们看成是圆柱体、圆锥体、正方体的组合，可以帮助自己清晰地画出复杂的产品零部件。

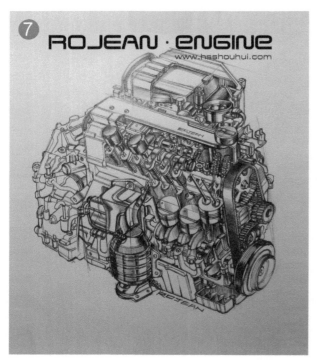

2. 绘图扫描

下面演示汽车发动机零件的绘制过程。

Step-1：勾勒出汽车发动机大体外轮廓线。

Step-2：绘制出最主要的几个零件，以圆柱体为主。

Step-3：继续塑造，需注意多个圆柱体之间的远近透视关系。

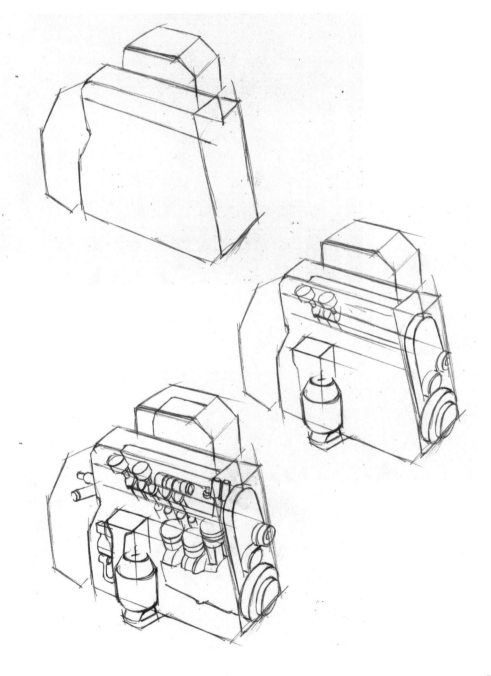

Step-4：继续深入绘制，在遇到透视不确定的形体勾勒线条时，力度应较轻。

Step-5：注意细节刻画，从前往后推进绘制。

Step-6：不要放过任何一个细节，即便是后面虚处理部分也应慎重对待。

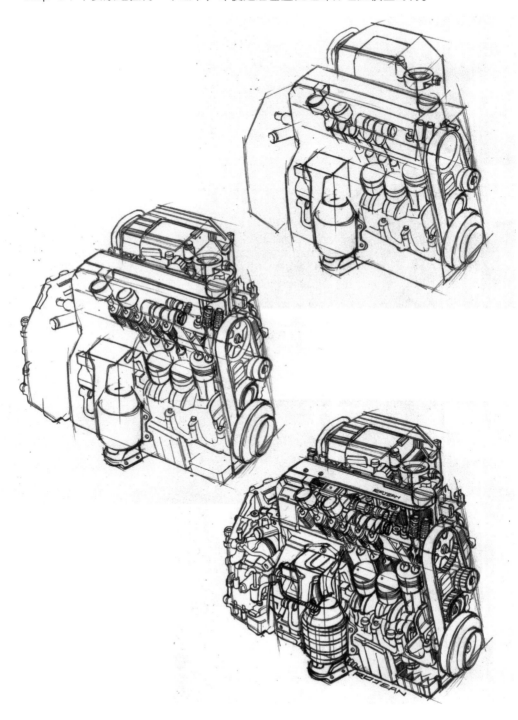

Step-7：开始加上光影调子，让发动机零部件材质质感丰富起来。

Step-8：继续深入塑造。

Step-9：发动机零件每一个转折、凹凸、起伏都要交代清楚。

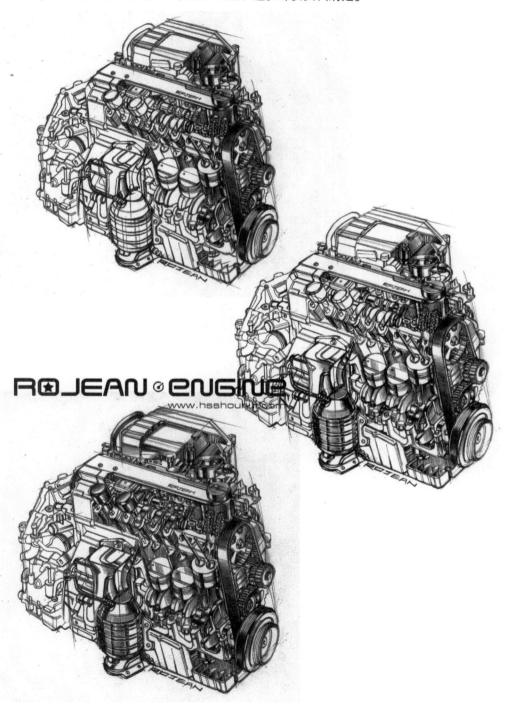

3. 复杂造型的基本形体分析

从下面的分析图中我们可以看出汽车发动机所有零件和几何形体比对。

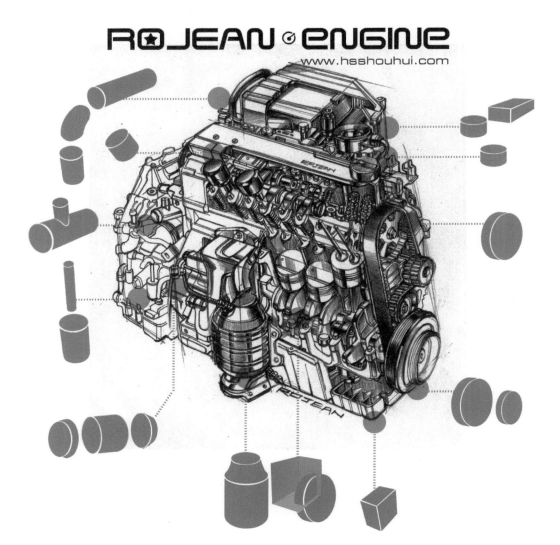

4. 最终效果图

这是汽车发动机手绘最终效果图。注意，几百个零件的透视不仅要准确，而且要整体统一、互相协调。

三、工业产品线稿表现

工业设计手绘线稿表现图绘制的步骤如下。

（1）总体分析：首先分析产品的整体造型形态，可以先忽略细节部分，进行整体分析。

（2）整体框架：选择合适的角度（能最大限度表现出这个设计的角度），搭建整体框架，要特别注意透视和比例。

（3）结构刻画：考虑产品各个部分是如何分解的，装配关系是怎样的，也可看成是在几何体上进行切割和划分，注意使用中轴线表现产品对称关系和使用剖面线表现面的起伏凹凸变化。

（4）深入细节：比如按键、倒角面体或者微小的曲面过渡。

（5）整体调整：着重突出三维立体效果，强调线条的粗细变化。使用排线的方式加入一点阴影变化，可进一步突出产品造型的立体感觉。

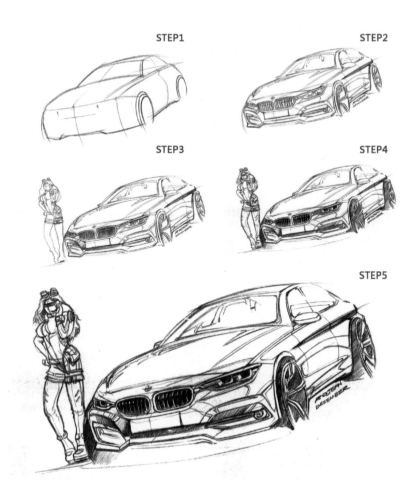

STEP1　　STEP2　　STEP3　　STEP4　　STEP5

优秀工业产品线稿表现图（黄山手绘学员作品）。

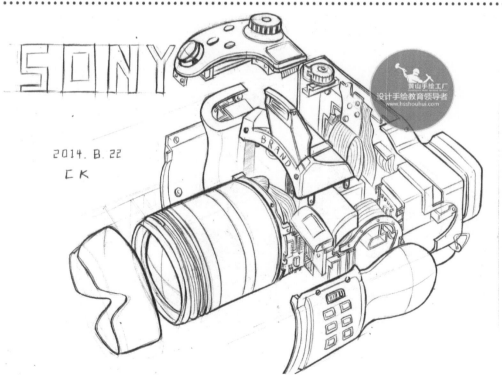

工业设计手绘案例教程

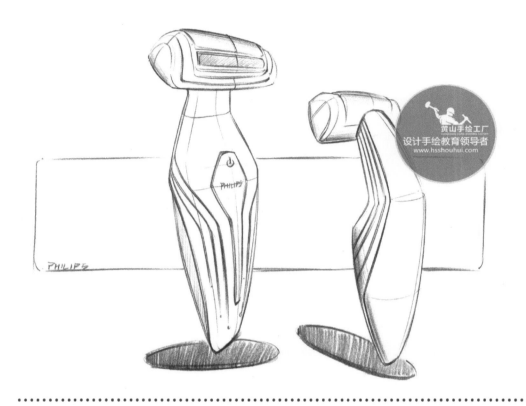

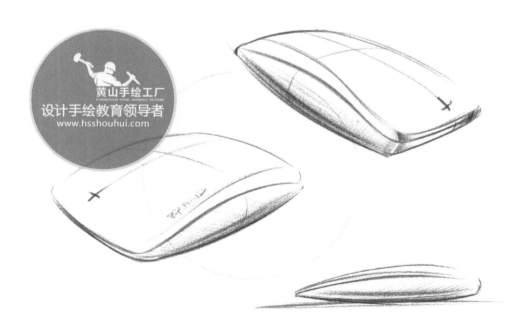

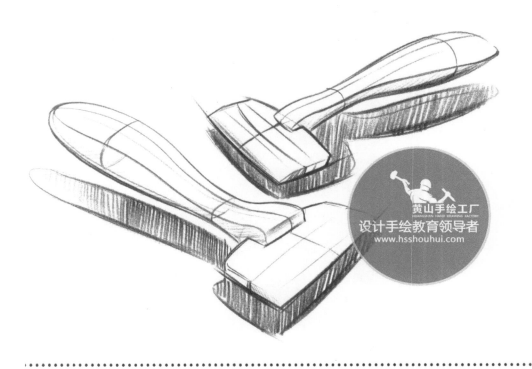

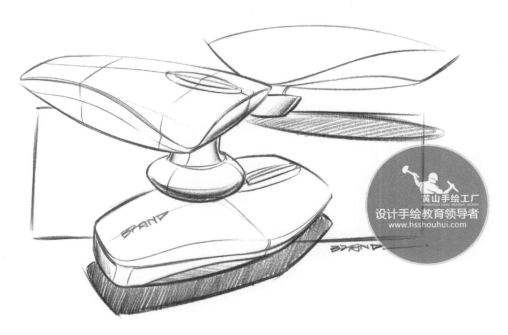

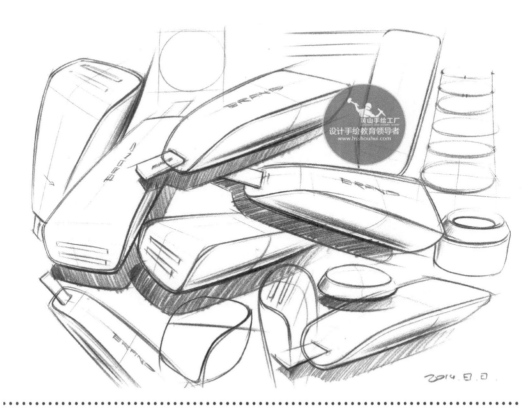

四、工业产品明暗表现

工业设计手绘效果图中明暗表现的步骤如下。

（1）设定光源：可以设定产品的主特征面和功能面应向着光源的方向，并把产品次要面作为暗面。

（2）表现分界线：根据光线方向，找出产品的明暗交界线。

（3）暗部表现：在遇见笔触叠加时，注意不要完全覆盖，要有一定的缝隙透气，或者少用非常深的颜色。

（4）整体调整：突出产品的立体三维效果，注意亮面部分不是全部留白，可以用黑色彩铅稍微铺出调子。

（5）处理阴影：按照预先设定的光源方向，沿产品的轮廓用深色笔加深，同时也可以对轮廓线进行修正和调整，以突出整体效果。用高光笔点出高光，可加强带有明暗关系的产品质感。

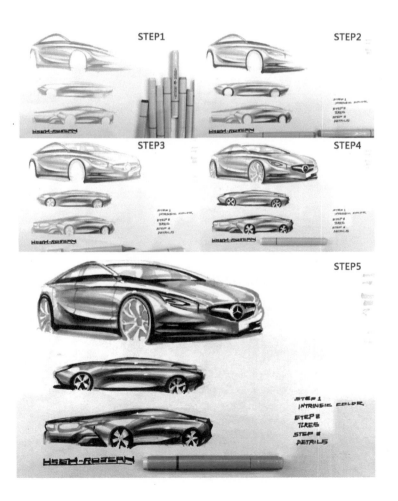

优秀工业产品（单色）明暗效果图表现（黄山手绘学员作品）。

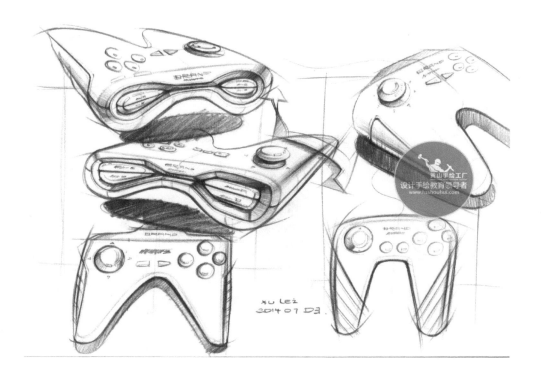

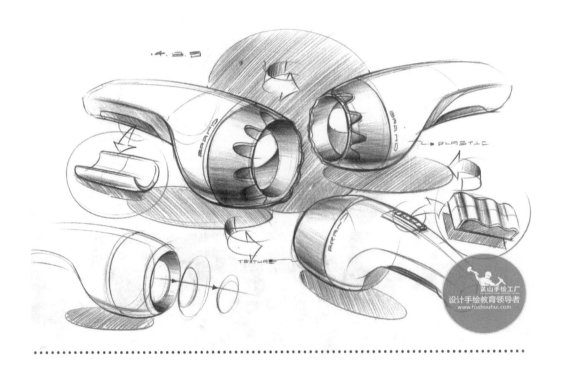

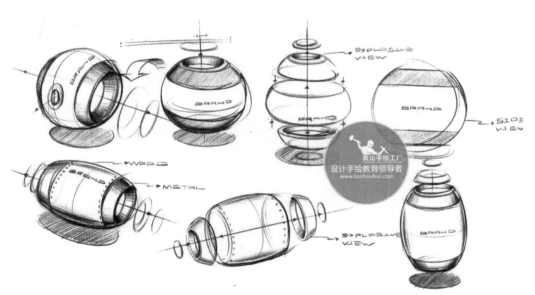

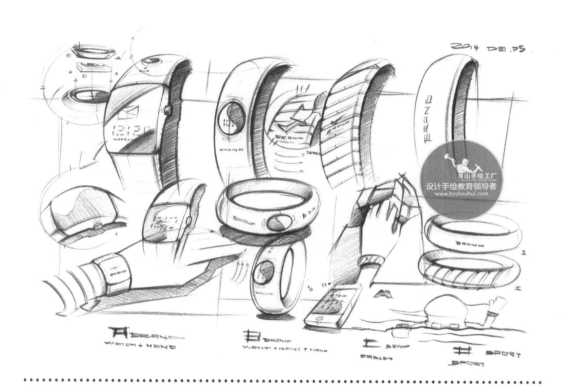

五、工业产品润色表现

工业设计手绘效果图上颜色表现步骤如下。

（1）绘制线框图：可先用黑色彩铅绘制底稿，然后使用签字笔勾画出轮廓，或者全程只用黑色彩铅画出轮廓线稿。

（2）表现转折面：用浅色马克笔沿着转折边线勾勒，注意笔触要流畅，不要停顿。

（3）表达反射面：在马克笔笔触叠加时，注意不要完全覆盖，要有一定的缝隙透气，铺马克笔笔触时尤其要注意。

（4）细节表现：可用马克笔尖头部分对产品细节进行上色。

（5）整体调整：上色时，注意整体色调与局部细节颜色的协调、平衡。产品的阴影可用深灰色马克笔润色，但是不能过深，少用接近黑色的马克笔润色阴影。绘制高光线可以用白色彩铅，绘制高光点可以用高光笔，注意高光点方向不能太多，点到为止。

优秀工业产品上色效果图表现（黄山手绘学员作品）。

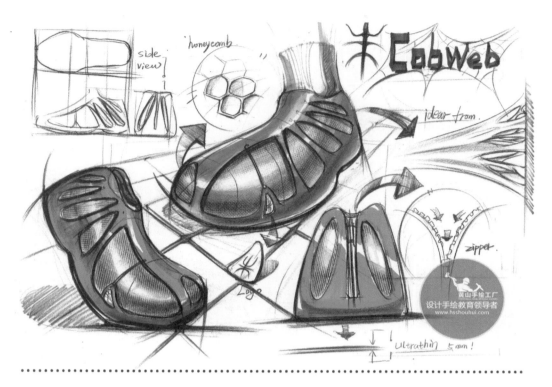

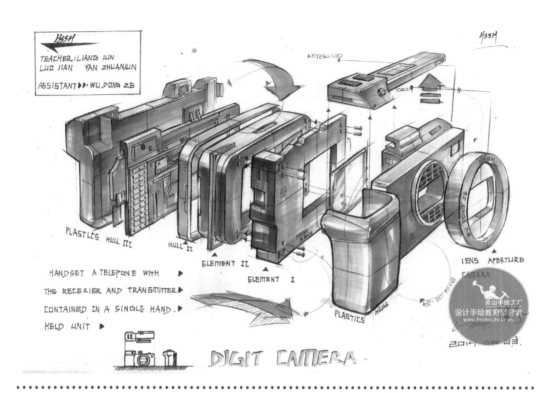

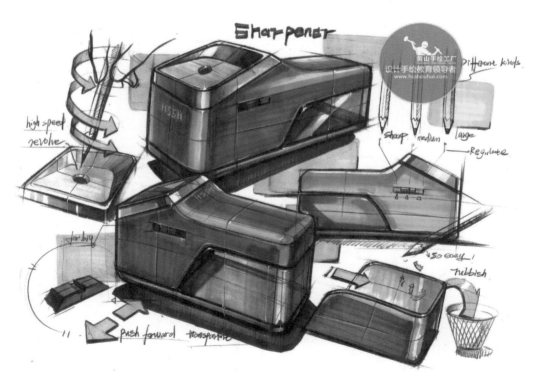

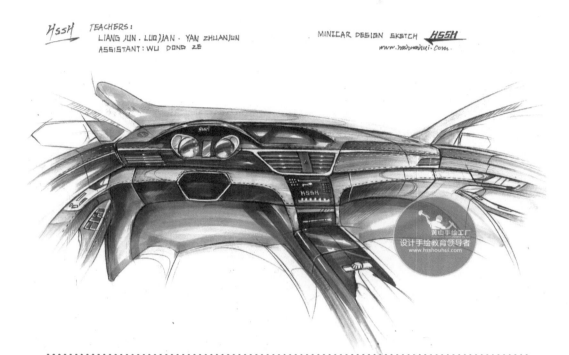

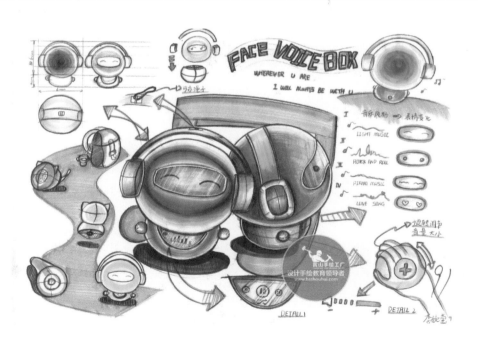

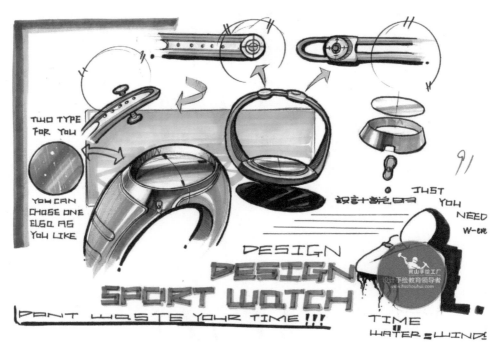

第三章　不同手绘工具表现方法介绍

一、马克笔表现技法

马克笔是工业产品手绘效果图最常用的表现媒介。马克笔工具的特点是：轻松、快捷、简便。马克笔笔触干脆、流畅、透明、易干，只要笔触之间排列得当，便能轻松表现物体的明暗。

马克笔可分为油性、水性、酒精三类。油性笔快干、耐水、有光泽感，但气味刺鼻；水性笔色彩、笔触都较鲜明；酒精马克笔水溶性较好。马克笔除了单笔触效果较常用以外，用得最多的就是笔触叠加效果，马克笔笔触重叠的颜色略有不同。 例如，使用橙色马克笔在浅橙黄色的笔触上叠加会出现橘红色，经过叠加的颜色会创造出一个比较暗的层次，使要表现的物体表面看起来更结实，但注意不要过多叠加笔触。

二、马克笔 + 色粉表现

　　色粉指粉质（粉末状）色粉，上色需用小刀、餐巾纸等辅助，使用方便，但粉末涂抹过后极易掉落。因此，画稿完成后需喷少量定色剂。马克笔 + 色粉是 21 世纪初绘制效果图常用的表现媒介。马克笔和色粉这两种工具介质的特点：轻松、快捷、简便。马克笔笔触明快、透明、易干，对比性强，能轻松表现物体的明暗；色粉层次分明，而且过渡柔和。两者结合使用，是比较好的表达方式，不过现在更加流行马克笔表现，色粉作为辅助使用。

三、彩铅表现技法

彩铅与铅笔的性质相近，所以在效果图线稿绘制到上色过程中是较易掌握的一种表现技法。

彩铅有多种使用方法：（1）运用笔尖进行产品局部细节刻画；（2）运用笔侧绘制较长弧线、直线，如产品的外轮廓线；（3）还可以运用卫生纸或棉花棒将画纸上的笔触抹平，让彩铅笔触呈现出晕染均匀的效果。

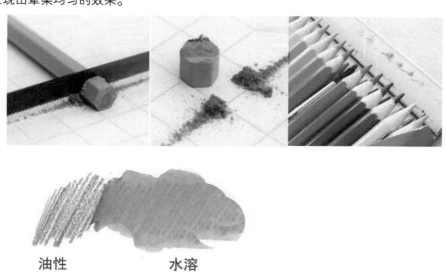

油性　　　　　水溶

四、彩铅 + 马克笔表现

彩铅 + 马克笔工具是时下比较流行的绘图工具搭配。马克笔笔触快速、流畅、透明、易干，只要笔触排列得当，便能轻松表现物体的色彩关系；彩铅较易掌握，塑造产品时层次感强，对细节的表现具有很强的塑造表现力，二者结合运用可以把产品效果表达得淋漓极致。

五、有色卡纸的使用

有色卡纸在工业产品手绘效果图中的运用在于利用底色（颜色较深低明度纸）或纸张色（中明度色纸）作为中间层次，直接表达工业产品的高光和投影部分以及少量的亮部和暗部，以塑造出产品的立体感及颜色效果。

六、透明颜料溶剂表现

透明颜料溶剂的表现特点：颜色比较透明、上色快速，且色彩、笔触丰富。尤其工业产品的背景要表达丰富多变的效果，可以运用透明颜料溶剂进行绘制，但是一定要注意边缘的控制。透明颜料溶剂的边缘形状不好控制，要事先想好再进行上色。

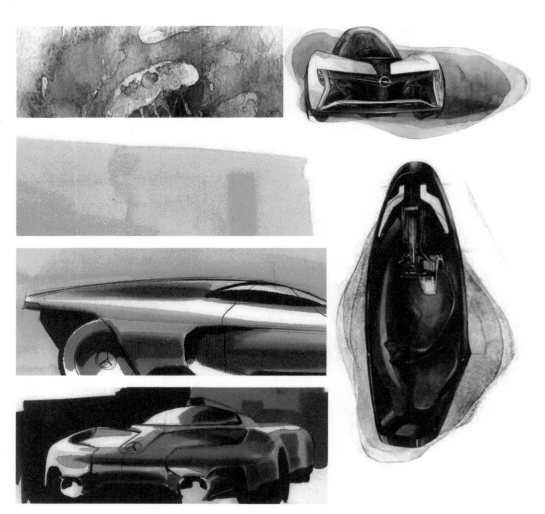

七、运用喷枪表现

　　虽然喷枪喷出的笔触效果表现力比较柔和，容易做到惟妙惟肖，明暗层次也细腻自然，但是其使用起来程序过于复杂，不适应现代设计的发展潮流，现代的设计周期、时间也不容许把大量时间花在烦琐的工具使用上。

八、计算机辅助绘图表现

计算机辅助上色软件中可选用的有很多，如 Painter、Alias Sketch Book、Photoshop、CorelDRAW 等，它们各有特点。编者平时习惯用 CorelDRAW 和 Photoshop 软件绘图，用 CorelDRAW 和 Photoshop 软件画的效果图如下所示。

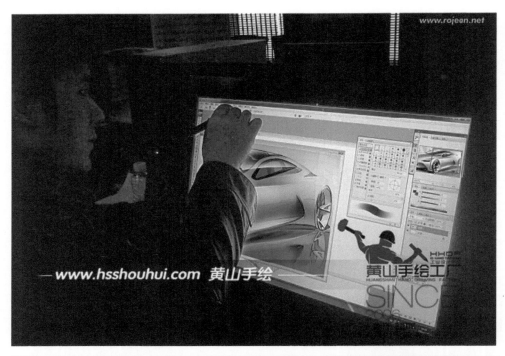

数位板 +

数位板 +

数位板 +

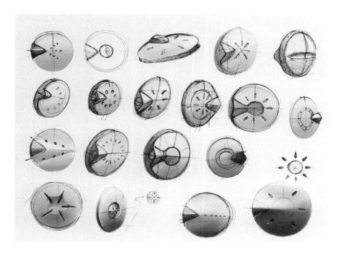

在学习设计表现技法的过程中，要注意如下4个原则。

（1）遇到不同类型的产品，表现内容不同，应采取不同的方法，表述的语言不要受制约，应以准确、快速、经济为准则。

（2）通过对多种表现技法的学习、试验最后可集中在一二种最适合自己的个性，并具有广泛适应力的表现技法上。

（3）表现技法具有艺术的欣赏价值，但它不是艺术作品，其主要功能是"图解"的作用，要有合理、感人的内容，不要企图玩弄技巧来达到某种不实际的效果，应使人注意的是作品表现的内容，而不是作品是如何制作的。

（4）设计的快速表现只有基本的方法，没有绝对的方法，美的法则处处存在。

第四章　不同形状和材质的手绘表现方法

一、不同形状的手绘表现方法

（1）通常情况下正方体的表现方法如下：先画出正方体的常见透视关系，成角透视，再进行正方体的快速表现。

Step-1：画出线框。

Step-2：绘制出投影。

Step-3：画出正方体明暗阴影。

Step-4：构建出背景轮廓。

Step-5：填充背景色和投影色。

正方体的表现效果为：①背景＋②亮部＋③暗部＋④灰面＋⑤投影＋⑥明暗交界线＋⑦高光。

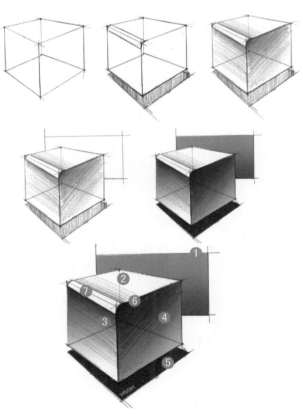

（2）掌握了常规情况下的正方体表现方法，由正方体加减造型而推演出一个产品效果就很容易表达出来，我们可以对比一下单纯的正方体表现效果，一个产品的表现效果同样也是：①背景＋②亮部＋③暗部＋④灰面＋⑤投影＋⑥明暗交界线＋⑦高光。

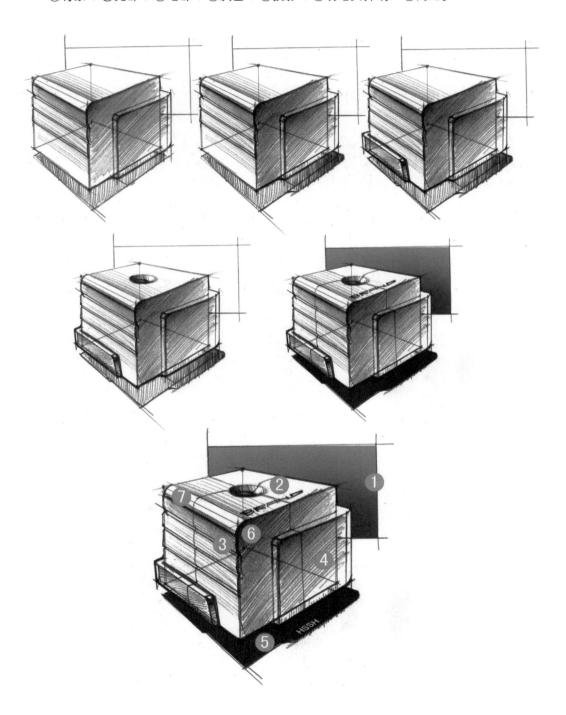

（3）镀铬不锈钢圆柱的表现。

通常情况下金属质感圆柱体的表现方法如下。

Step-1：画出圆柱体外轮廓线和反应在圆柱体上的地平线。

Step-2：画出圆柱体投影。

Step-3：绘制出圆柱体暗部。

Step-4：加深暗部。

Step-5：加强明暗交界区域对比。

Step-6：画出圆柱体上方蓝色过渡颜色。

下图金属质感圆柱体表现效果：①透视圆柱＋②圆弧面＋③暗部＋④地平线投影＋⑤层次化的蓝天投影＋⑥高光＋⑦高光点＋⑧投影。

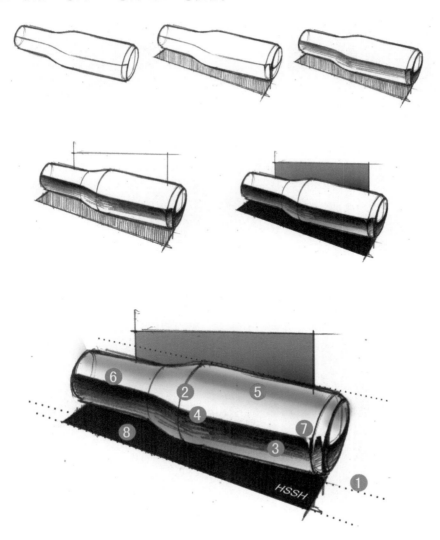

（4）掌握了常规情况下的金属圆柱体表现方法，再由单纯的圆柱体加减造型而推演出一个产品效果，就可以很容易表达出来。我们可以对比一下单纯的圆柱体表现效果，一个产品的表现效果同样也是：①透视圆柱 + ②圆弧面 + ③暗部 + ④地平线投影 + ⑤层次化的蓝天投影 + ⑥高光 + ⑦高光点 + ⑧投影。

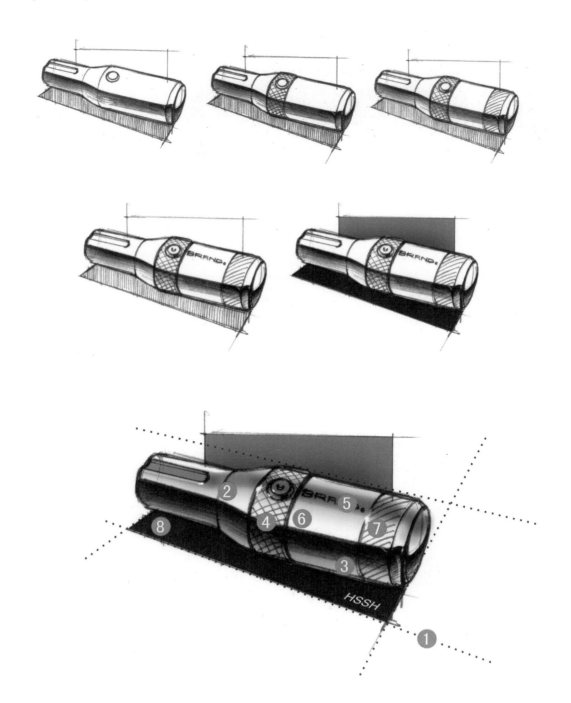

二、不同材质的手绘表现方法

　　工业产品材质感表现的关键在于找到明暗交界区域，区别对待明暗反差及反射和受光区域，合理运用高光线、高光点。

　　画不同材质效果演示现场如下图所示。

（1）木材：木质底色（马克笔）+ 适当、自然木纹描绘（彩铅等）。

木材材质亮部与暗部的反差较小，需注意光滑木料有少许镜面反射，粗糙木料则无，下图演示的木质效果图选择的是光滑木料材质。

Step-1：先用黑色彩铅画出木质纹路，注意纹路要自然穿插排列。

Step-2：选用与木质相近颜色的马克笔润色，下笔要轻。

Step-3：用同一支马克笔叠加继续加深木质本身的固有色。

Step-4：绘制出其镜面反射。

Step-5：画出投影，颜色稍微深一些。

Step-6：木质质感最终上色效果图呈现。

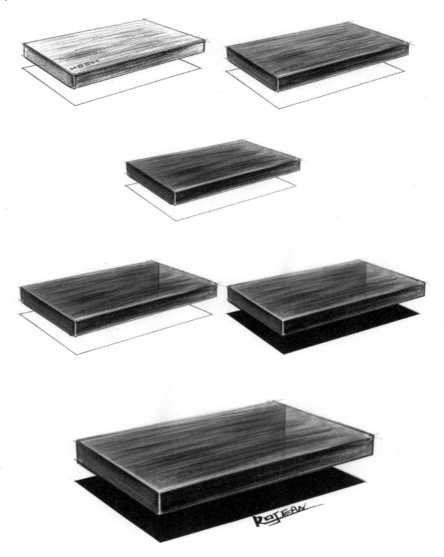

Step-1：前面的木质效果图木板是横放的，这次换成绘制竖直放置的木板。

Step-2：选择与木质固有色相似的颜色马克笔从木板的侧边开始画。

Step-3：保持马克笔的笔触平齐。

Step-4：用同一支马克笔重复叠加 1~2 遍。

Step-5：用黑色彩铅加深木纹。

Step-6：竖直放置的木板最终上色效果图呈现。

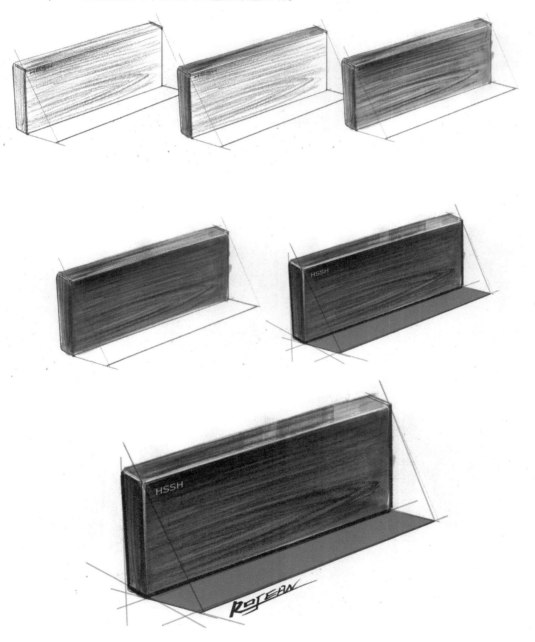

木质质感效果图手绘表现细节展示。

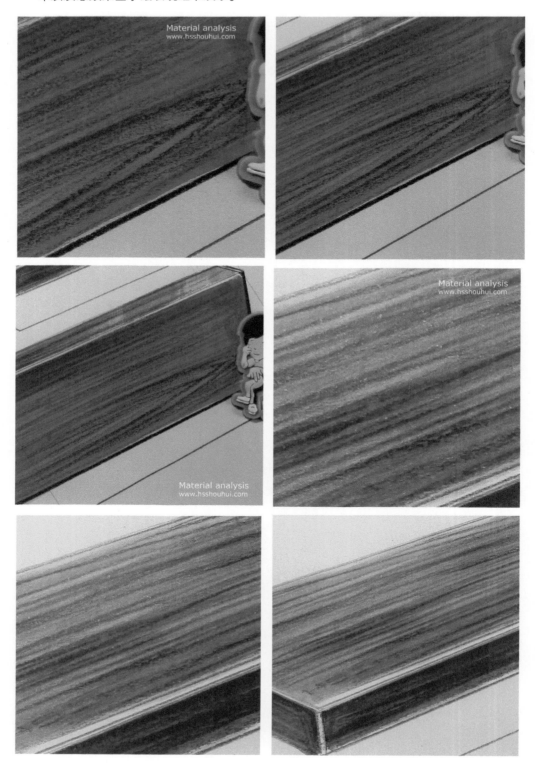

（2）塑料：塑料材质表面均匀，同一颜色范围内反差较小。反光不强烈的塑料材质，高光柔和，笔触较为圆润；反光强烈的塑料材质，高光、反光对比较强，笔触较为圆润。

Step–1：选用反光强烈的塑料材质作为演示主体，先画出塑料材质主体线稿。

Step–2：选用 CG2 马克笔从下往上垂直滑动笔触。

Step–3：用同一支马克笔在左角边进行笔触滑动。

Step–4：画出侧边颜色，转角处留白。

Step–5：选择深灰色马克笔润色塑料主体投影。

Step–6：塑料材质主体最终润色效果图呈现。

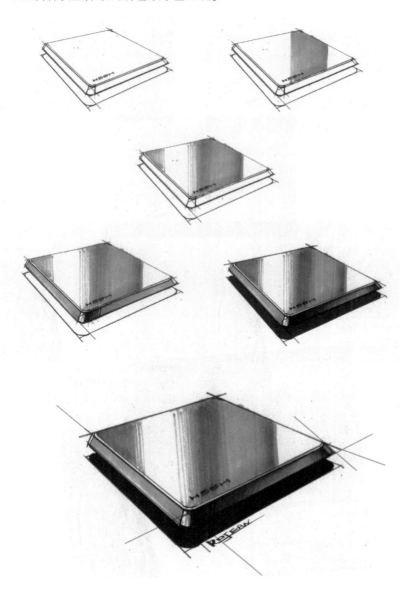

（3）金属：金属材质亮部与暗部反差大，对比较为明显，反光强烈，常有镜面反射，色彩丰富。高光锋利、尖锐，高光点特别明显。

Step-1：画出金属壶体的轮廓线。

Step-2：选择CG8马克笔从壶体最深区域开始画，笔触要干脆。

Step-3：以刚画好的最深区域为中线向两边逐步过渡。

Step-4：画出壶体两边的黑色静影，注意留出反光间隙位置。

Step-5：选择深色马克笔润色壶体投影。

Step-6：金属壶体最终上色效果图呈现。

除了演示的木材、金属和塑料材质外，工业设计中还有玻璃、石材、皮革、电镀层等几种材质会用到工业产品效果图当中。要求大家在练习过程中细心体会和揣摩各种材质的表现方式。

第五章 工业设计手绘的三维转换思路

工业产品手绘必须要有三维转换思路。手绘之前，需对产品造型三维概念了解透彻（包括产品六视图、每个细节），每个角度都要清晰。

一、三维转换示例 1——法拉利汽车

以法拉利汽车手绘草图为例。画之前需分析清楚法拉利各个部分三维造型的起伏变化及曲面衔接等。三维概念了解透彻以后，图中所有线条都是三维中的线，而不是平面中的线。线条之间要衔接到位，不能出现断断续续的线。

分析 –1

图1：虽然整体透视正确，但是线条之间衔接不够，不足以说明局部细节。

图2：相比于图1，多了引擎盖造型结构线、剖面线、前脸进气格栅结构线、车门分件线等，多了这些线条能够让整体造型更加丰富，体积感更加鲜明。

图3：车体三维模型展示。

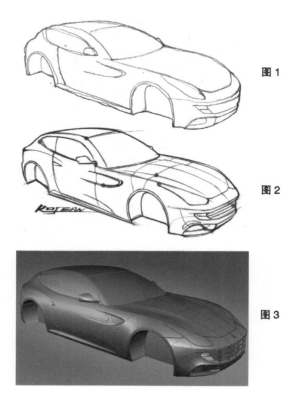

图1

图2

图3

分析 -2

让我们进一步分析车体上面各局部细节，把这些局部放大看造型、曲面转折。

（1）车后视镜：之前分析透彻了后视镜的三维立体概念，很容易分别画出其顶视图、背视图、侧视图。

（2）雾灯：重在分析，画出不同角度的雾灯效果。

（3）进气格栅：进气格栅放大后，转换角度画出细节。

（4）侧边造型渐消面：放大局部，结合剖面线画出侧面渐消造型。

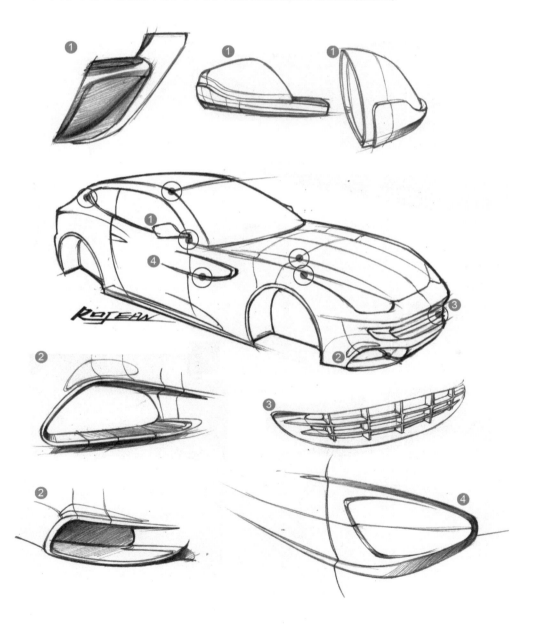

分析 −3

无论画工业小产品还是汽车，线条和透视哪一个更加重要？如下图所示，线条即使不流畅，但是透视准确，也能看到汽车的造型关系；如果透视不准确，线条即便再流畅，也看不出是辆什么车。由此可见线条和透视两者之间关系。当然，最好的状态是透视准确、线条流畅。

分析 –4

（5）车尾组合灯（倒车灯＋尾灯）:可以把车尾组合灯看成是圆锥体与倒角内凹体的组合，理解透彻后，转换角度画起来就游刃有余了。

（6）汽车尾部排气管：它由两根并排圆柱体的排气管加上倒角内凹体组合而成。

（7）尾部扰流板（扰流叶片):尾部扰流板由三部分组成，如下图所示，理解透彻这三部分，可以转换角度绘制。

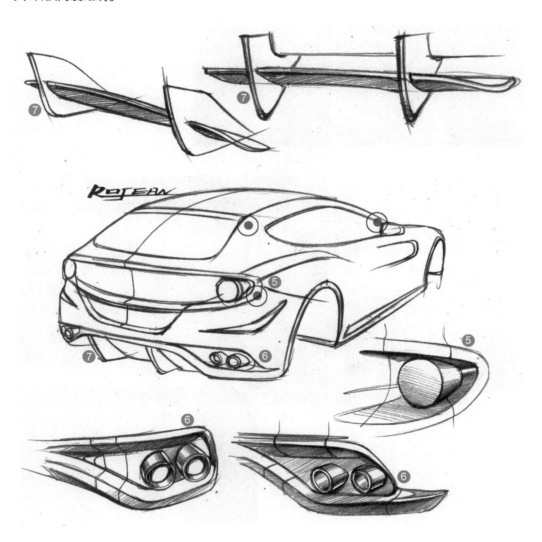

二、三维转换示例 2——摩托车

分析 –1

以摩托车为分析案例，摩托车前半部分车体和后部座椅部分可以看做两个对称形体的组合，摩托车前半部分车体用填充红色表示，后部座椅部分用填充蓝色表示。

（1）摩托车前半部分车体 + 后部座椅部分侧视图，其中，后部座椅部分可看做一整块形体进行切削得到的造型。

（2）摩托车前半部分车体 + 后部座椅部分透视图。

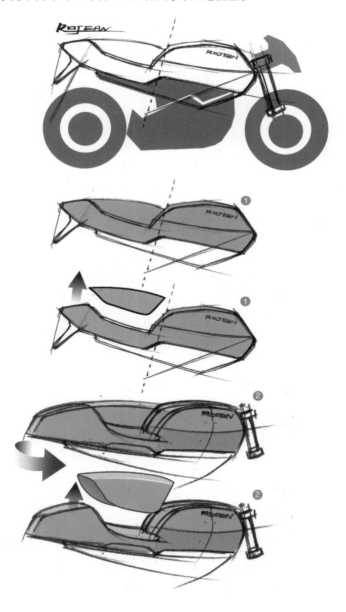

分析 −2

继续把摩托车车体前半部分（油箱）拿出来分析其绘制步骤。

Step−1: 画出摩托车油箱侧面轮廓线。

Step−2: 设定好间距，画出第二个相同的侧面轮廓线。

Step−3: 连接两块侧面轮廓线。

Step−4: 得到完整的摩托车油箱造型。

如果需要转角度画同一局部，只要和上述步骤一样，先把侧面轮廓线画出即可。

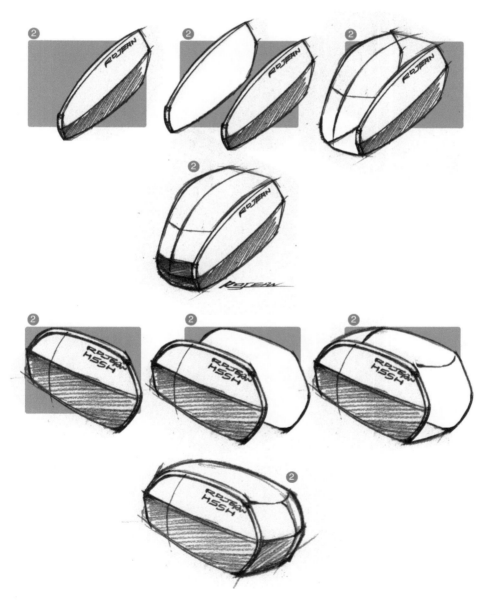

分析 -3

用上述方法，采用相同步骤，变换多个角度得到如下手绘草图。

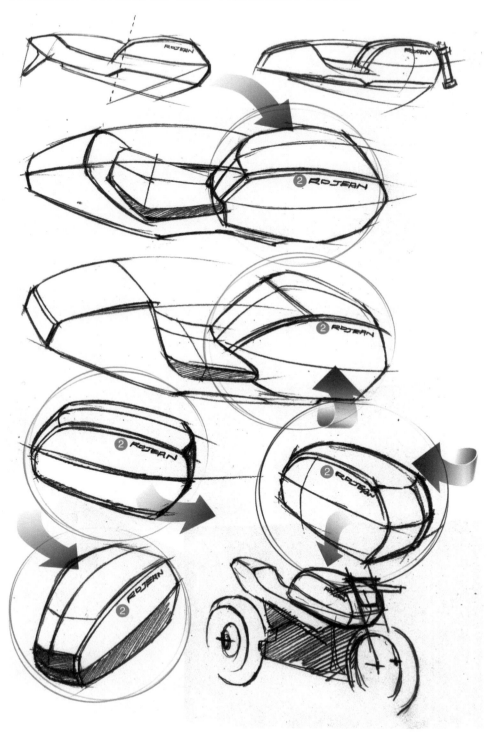

分析 –4

继续用手绘草图方式推敲摩托车的同一个造型形体。

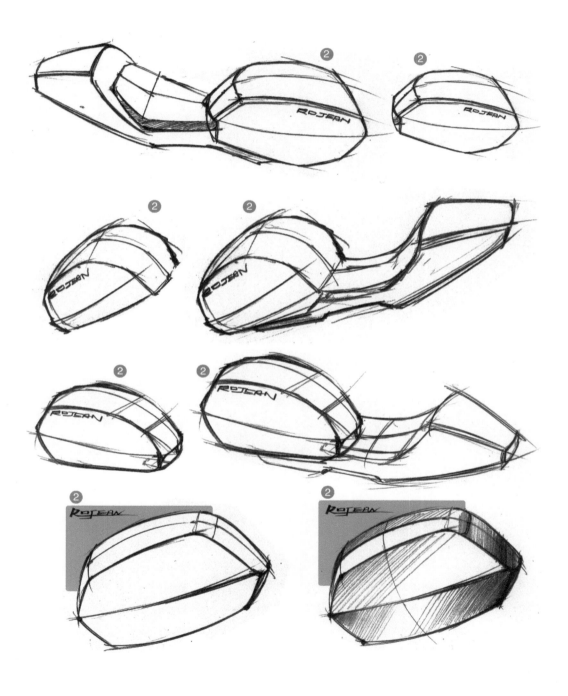

分析 -5

手绘草图推敲过后，再进行制作摩托车油泥形体过程中推敲。

②

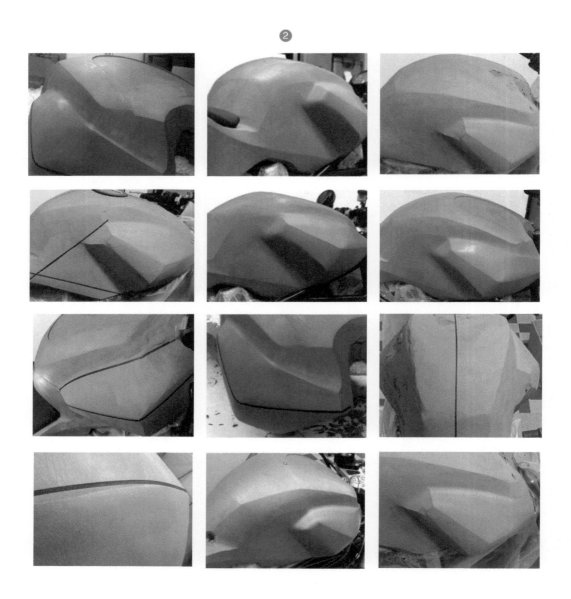

第六章　工业设计手绘作品欣赏

一、总结

工业产品手绘时要注意如下 3 点。

（1）摆正心态，不要担心画错，放开来画。

（2）要画准确，比如本书中提到的产品透视要准确。

（3）要画好，比如产品的局部造型要刻画好等。

二、作品欣赏

工业设计手绘作品欣赏线稿部分是黄山手绘老师作品。

上色手绘作品均为黄山手绘学员作品（包括电子产品、运动产品、汽车、办公用品、工具、游戏周边产品等）。

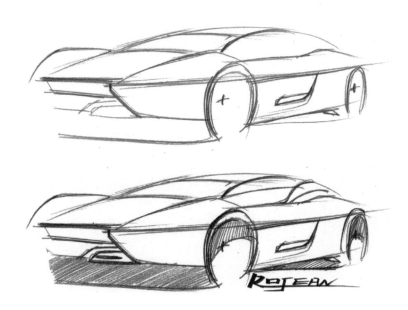

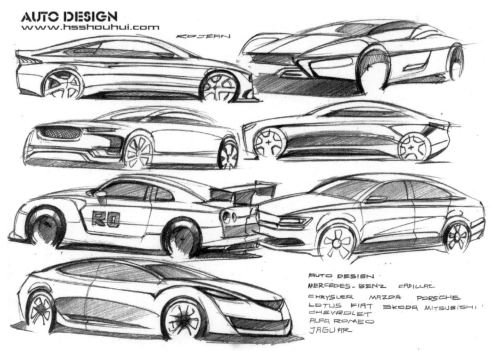

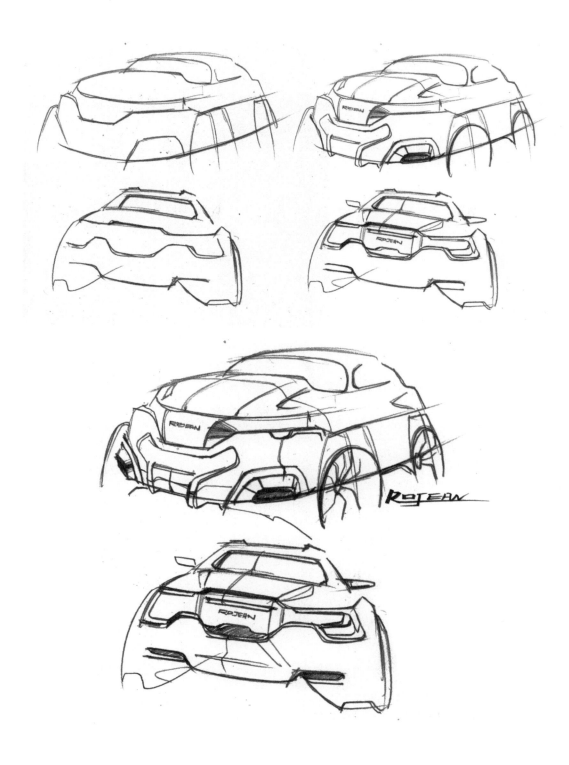

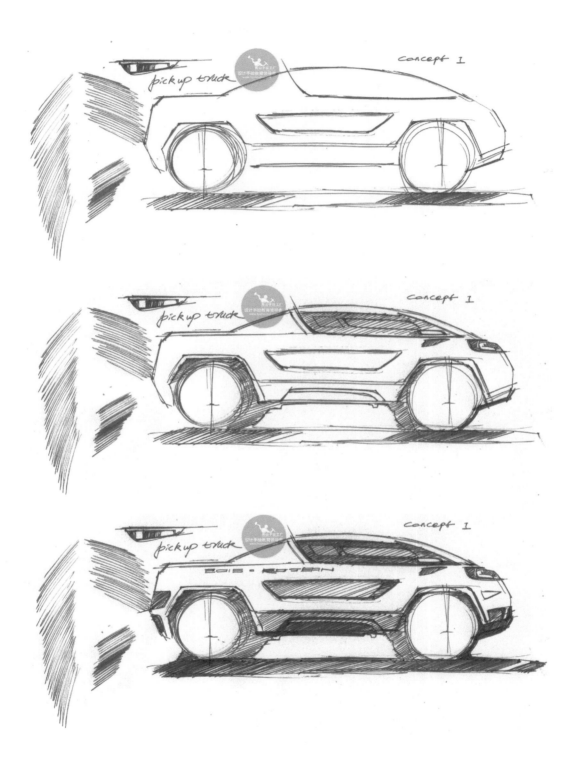

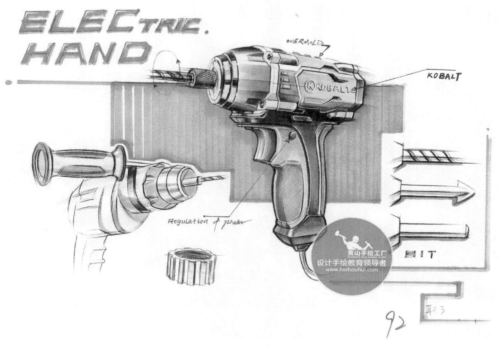

黄山手绘2014暑期精品班第二期学生作品

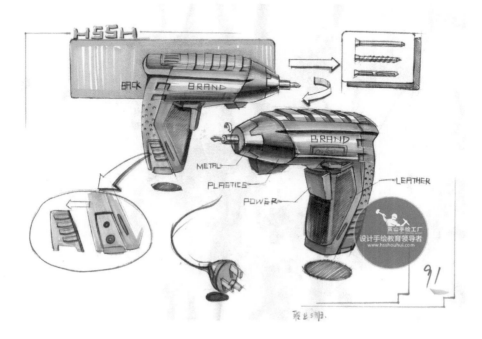

黄山手绘2014暑期精品班第二期学生作品

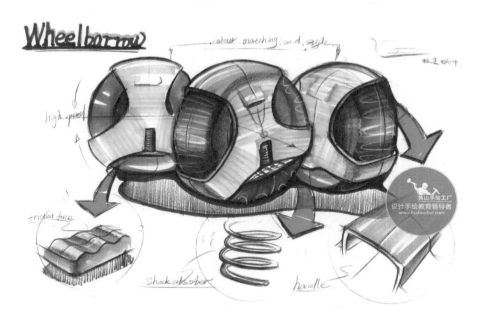

黄山手绘2014暑期精品班第二期学生作品

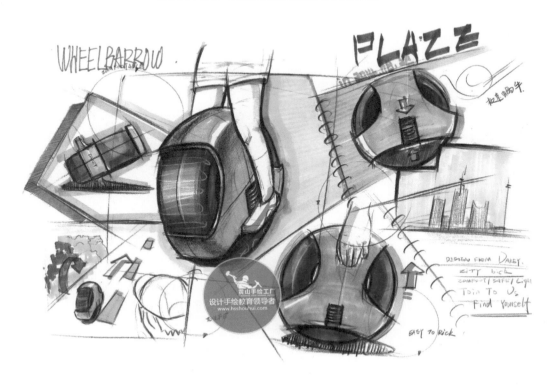

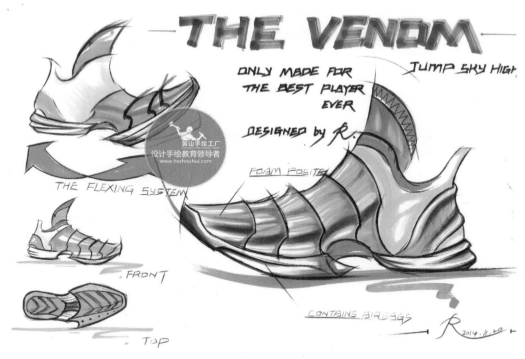

黄山手绘2014暑期精品班第二期学生作品

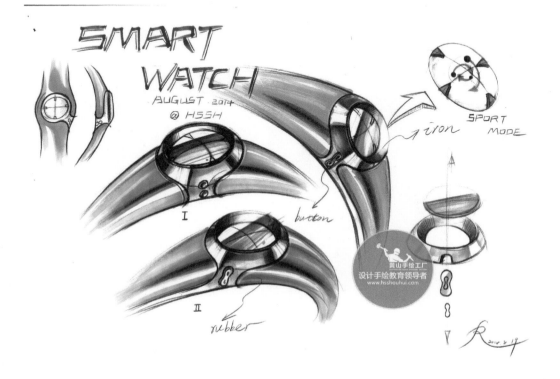

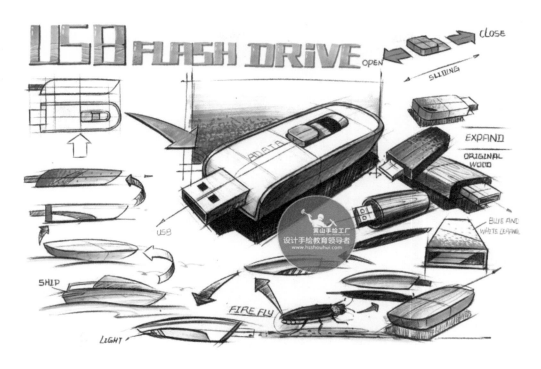

黄山手绘2014暑期精品班第二期学生作品

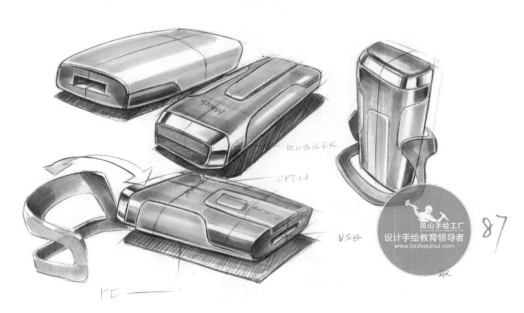

119

黄山手绘2014暑期精品班第二期学生作品

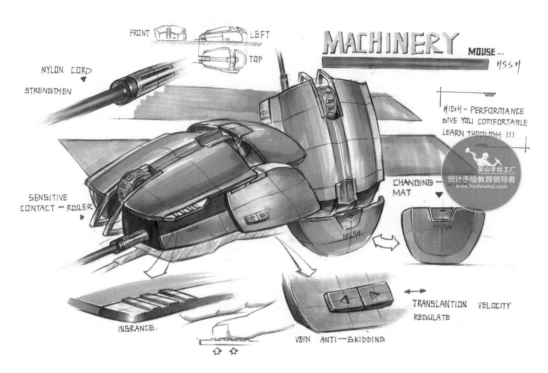

黄山手绘2014暑期精品班第二期学生作品

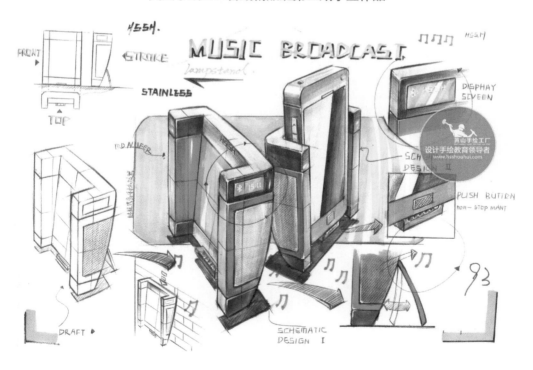

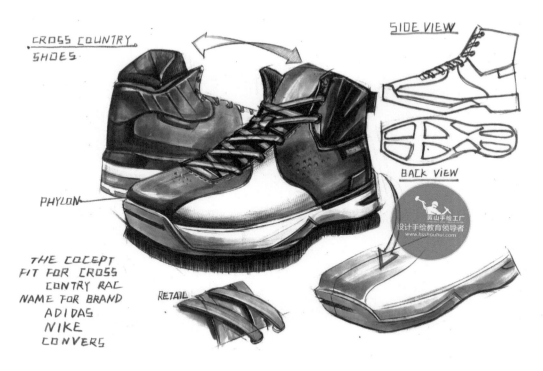

CROSS COUNTRY SHOES

SIDE VIEW

BACK VIEW

PHYLON

THE COCEPT
FIT FOR CROSS
CONTRY RAC
NAME FOR BRAND
ADIDAS
NIKE
CONVERS

RETAIL

黄山手绘2014暑期精品班第二期学生作品

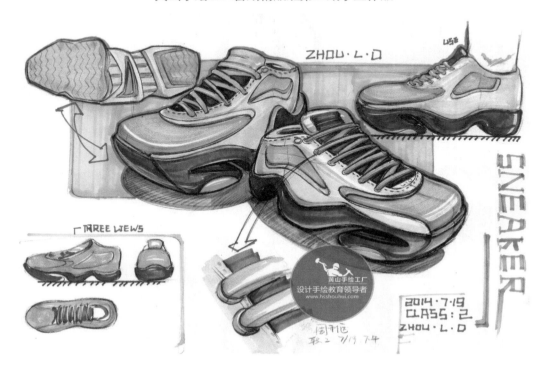

ZHOU·L·D

THREE VIEWS

SNEAKER

2014·7·19
CLASS:2
ZHOU·L·D

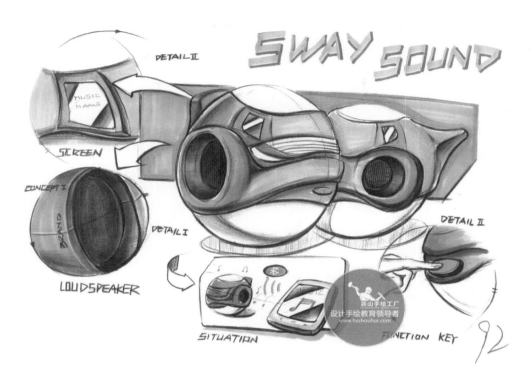

黄山手绘2014暑期精品班第二期学生作品

黄山手绘2014暑期精品班第二期学生作品

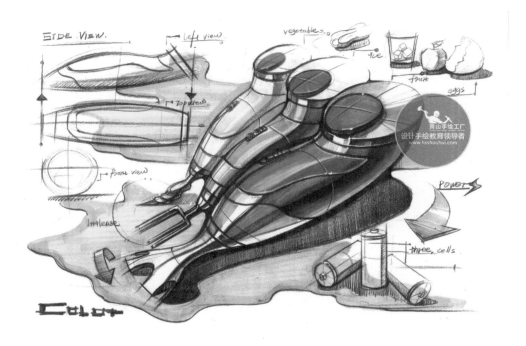

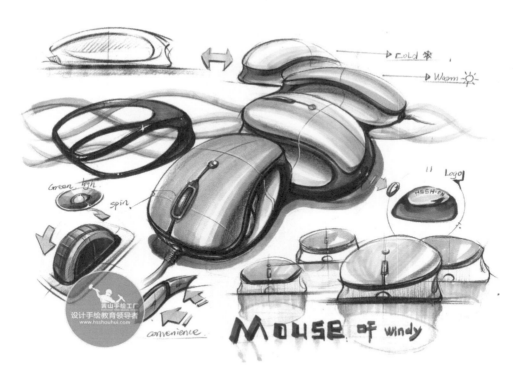

黄山手绘2014暑期精品班第二期学生作品

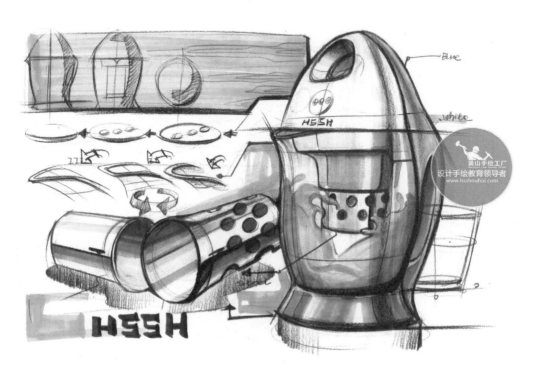

黄山手绘2014暑期精品班第二期学生作品

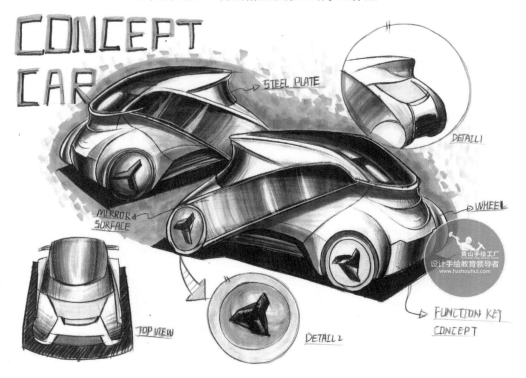